U0334136

裸蛋糕

［英］汉娜·迈尔斯　著
［英］史蒂夫·佩因特　摄影
本书编译组　译

中国轻工业出版社

图书在版编目（CIP）数据

裸蛋糕/（英）汉娜·迈尔斯（Hannah Miles）著；《裸
蛋糕》编译组译.—北京：中国轻工业出版社，2018.8
（我爱烘焙）
ISBN 978-7-5184-1893-0

Ⅰ.①裸… Ⅱ.①汉…②裸… Ⅲ.①蛋糕—烘焙
Ⅳ.①TS213.2

中国版本图书馆CIP数据核字（2018）第043583号

Naked Cakes © Ryland Peters & Small Limited. 2015.
Original English edition published in 2015 by Ryland Peters & Small Limited.
Simplified Chinese Character rights arranged with Ryland Peters & Small Limited.
Through Youbookagency.

责任编辑：马　妍　王艳丽　　责任终审：劳国强　　整体设计：锋尚设计
策划编辑：马　妍　　　　　　责任校对：李　靖　　责任监印：张　可

出版发行：中国轻工业出版社（北京东长安街6号，邮编：100740）
印　　刷：北京富诚彩色印刷有限公司
经　　销：各地新华书店
版　　次：2018年8月第1版第1次印刷
开　　本：787×1092　1/16　印张：9
字　　数：150千字
书　　号：ISBN 978-7-5184-1893-0　定价：68.00元
邮购电话：010-65241695
发行电话：010-85119835　传真：85113293
网　　址：http://www.chlip.com.cn
Email：club@chlip.com.cn
如发现图书残缺请与我社邮购联系调换
160986S1X101ZYW

目录

前　言

多年来，西方婚礼和基督教洗礼用的节庆蛋糕会用一层厚厚的糖衣和杏仁膏进行装饰，生日蛋糕会铺上浓郁的甘纳许巧克力酱料和彩糖，杯子蛋糕上则堆满了高高的糖霜。尽管这样的蛋糕绝对占有一席之地，但在我看来，这些装饰都隐藏了蛋糕原本的美丽外观。近年来，简单的海绵蛋糕再度兴起，取代了覆以白色糖霜的传统婚礼蛋糕，而这些迷人的多层海绵蛋糕是以花朵和水果进行装饰的。

"裸蛋糕"的字面含义是一丝不挂的蛋糕。其装饰尽可能简单，让蛋糕本身如同餐桌上的核心装饰品般闪耀。制作裸蛋糕没有严格的规则，唯一的基本要求是让海绵蛋糕的侧面外露。尽管蛋糕侧面会淋上一点糖衣，撒上一点糖粉，或是铺上一层薄薄的奶油糖霜，只要你能透过糖衣看到海绵蛋糕，都是可以接受的。

裸蛋糕虽装饰简单，却能引人注目。我最爱的装饰方式之一，就是将各个海绵蛋糕层染上不同的颜色，修整焙烤过的边缘后，色彩缤纷的蛋糕本身就是一种装饰，而且呈现出美丽的渐层效果。可用邦特蛋糕模等造型蛋糕模来焙烤蛋糕，然后再撒上糖粉以强调蛋糕体的形状，达到既美丽又无比简单的装饰效果，尤其是当蛋糕中间铺满新鲜莓果时。或者，为何不用自己花园里摘下的花制成的糖渍花环来装饰经典的维多利亚海绵蛋糕呢？

当在特殊场合中，需要一个绝美的装饰品时，本书所介绍的蛋糕绝对是最佳选择。书中食谱大多采用基本的海绵蛋糕配方，并加以调味。

本书中的第一部分"浪漫活力"裸蛋糕，适合作为你为生命中的特殊人士庆贺的蛋糕，包含美丽的粉红开心果夹心蛋糕，或是可作为可爱自然风婚礼蛋糕的心型夹心蛋糕。

如果需要适合平日场合吃的漂亮蛋糕，在"简约时尚"裸蛋糕的食谱中，有迷你小柑橘蛋糕、迷你翻糖裸蛋糕，以及用糖霜薄荷叶装饰的美丽薄荷巧克力卷等简单食谱可供选择。

在"优雅复古"的章节中，你能找到各式各样并适合任何宴会场合、成为全场瞩目的蛋糕。鼓形蛋糕堆叠在高高的蛋糕架上，简单地撒上糖粉和摆上鲜花，看起来非常漂亮。或者，为何不试试从巴黎甜点师身上获得的灵感，来制作马卡龙蛋糕呢！

在"乡村风情"的章节中，有以一圈圈含有美味草莓慕斯的瑞士卷所堆砌而成的美丽夏洛特皇家蛋糕。为了呈现纯粹又简单的装饰，邦特蛋糕除了撒上糖粉来让皇冠的形状更加突显外，几乎不加其他装饰，并且只用新鲜的莓果，为蛋糕增添色彩。

若希望蛋糕有更精彩的呈现，那你一定得试试"戏剧效果"章节里的食谱。例如以樱花树枝装饰的绿茶冰淇淋蛋糕，或吸睛的咖啡菠萝多层蛋糕。棋盘蛋糕的黑白格子让人眼前一亮，或者尝试渐层的绿色蛋糕，层层叠出白巧克力薄荷香草蛋糕。

最后的"演绎四季"章节包含受一年四季所启发的季节性蛋糕——夏季的柠檬薰衣草蛋糕、秋季的美味南瓜蛋糕以及冬季带有酥脆顶层的简约圣诞奶酥蛋糕等。

不论在什么活动场合，本书的食谱都能带给你的宾客满满的惊喜，并与他们一起享受简朴海绵蛋糕的自然之美。

技巧与提示

渐层效果海绵蛋糕层

层层堆叠的单色海绵蛋糕，能为裸蛋糕创造出漂亮的造型。即便用同样的颜色为海绵蛋糕上色，也能产生细微的差别。在堆叠时，蛋糕就会形成由深至浅的渐层效果。

当你按照配方制作海绵蛋糕糊时，请在面糊中加进几滴食用色素并务必拌匀。我个人会使用食用色素凝胶，因为它们较易显色，但液体的食用色素也能容易显色。

若你制作的是四层蛋糕，先在面糊中加入第一种颜色，再从搅拌碗中移出 ¼ 已被混合的材料。在进行此步骤时，我会先将混料推平，然后用橡皮刮刀划分为四份，并取 ¼ 的混料放进蛋糕模中。

然后往蛋糕糊中再加入几滴食用色素，轻轻拌匀后，蛋糕糊的颜色会略变深。不需加入很多食用色素来改变浓淡度，只需产生出渐进式的变化即可。接着，从蛋糕混料中移出 ⅓，分别放入蛋糕模中。

重复同样的步骤，往第三、第四份的蛋糕糊中再加入几滴食用色素，然后按照食谱的步骤烘烤蛋糕。

蛋糕烤好后，将蛋糕移至架上放凉。一旦蛋糕完全冷却，就必须用利刀小心地切去每块蛋糕的边，让里面已上色的海绵蛋糕露出来。必须待蛋糕完全冷却后才能进行这个操作，否则海绵蛋糕会裂开。为了切边，我会将蛋糕平放在桌上，用利刀小块小块地切下，每切下几下就转动一下蛋糕，这样才能让蛋糕保持圆形。

装饰技巧

本书中的食谱含有大量天然的装饰方法、食用花的使用、糖粉筛模和新鲜水果的创意，但你也能尽情发挥自己的想象力。当我外出购物时，经常发现能将蛋糕装饰成视觉焦点的完美装饰灵感。因此，你得随时睁大眼睛，因为创意就在身边。

若你打算使用新鲜花瓣作为可食用装饰的一部分，很重要的一点，请确保它们在食用上绝对安全。许多搭配食物时所使用的花都是安全的，可以放心食用，但尝起来却很苦。因此，我建议只使用符合食品安全的花进行装饰，并在切蛋糕之前将花移除。绝对不要食用装饰用花朵，除非你能肯定这么做绝对安全。

若你没有蛋糕装饰模板，可以自行制作，用美工刀在厚纸板上裁出略大于蛋糕的模板，然后再裁出漂亮的花样。装饰蛋糕时，只要将模板摆在蛋糕上方，然后撒上一层厚厚的糖粉或可可粉。如果你创意泉涌，甚至可以将两种模板设计相互交叠，同时撒上糖粉和可可粉作为花样装饰。若时间不够，以装饰用的小桌垫代替即可。

还有一种简单的装饰是在蛋糕上绑上缎带并打上蝴蝶结。我通常会用大型的大头针为缎带做适当的固定，不过在使用前必须将大头针消毒，而且在享用蛋糕前应小心地移除。

蛋糕分量的变化

本书中的食谱通常用来制作 4~12 人份的大型庆祝蛋糕，但如果你要举办较小型或更大型的聚会，也可以将食谱分量按比例减少或增加。

若要将三层蛋糕简化为双层蛋糕，请将蛋糕糊的分量减少 ⅓，并将烘烤的蛋糕模由三个减为两个。

若你想做出更多层的大型蛋糕，可增加蛋糕糊混料的分量，并用更多的蛋糕模来制作更多的蛋糕层。如果你想将三层的圆形海绵蛋糕做成四层，只要将各种配料的分量增加 ⅓，再使用四层的蛋糕模即可。实际增加的蛋糕糊混料分量将依你使用的蛋糕模大小而定，因此无法在此提供精确的换算值。

蛋糕层的堆叠

本书中的蛋糕由于体积不大，而且也不需要额外的设备，因此很容易进行堆叠。为了堆叠蛋糕，只要将最大的蛋糕摆放在蛋糕架或蛋糕盘的中央即可。依照食谱中的指示进行装饰，然后继续摆放下一块蛋糕。很重要的是，要将蛋糕直接摆在中央，让蛋糕在叠放时保持平衡。若食谱中还有第三层蛋糕，请以同样方式将最小块的蛋糕摆在上面。

若你制作的是像婚礼蛋糕一样的大型蛋糕，那么你就要稍微改变堆叠的组合方式，以免蛋糕崩塌。将每块蛋糕摆在和每层蛋糕同样大小（或是略大）的轻型蛋糕底盘上。先将最大的蛋糕摆在蛋糕底盘上，然后在蛋糕里塞入几根短木条，用以支撑下一层蛋糕。木条的高度必须和蛋糕相同，才不会外露——请仔细测量并裁成所需的大小。插进木条之后，再摆上下一层的蛋糕和蛋糕底盘，重复同样的步骤，直到叠完所有的蛋糕。建议你将未组装的蛋糕运送至会场，然后在现场进行组装，以确保最后呈现出一款稳固的蛋糕。蛋糕底盘和木条可从烘焙商店或网络上购入。

海绵蛋糕的基本配方

这些基本配方适用于本书中大部分的食谱。只要按照配方的要求选择面糊的分量，并依以下方法准备即可。

用电动搅拌器搅打碗中的奶油和糖，至松发泛白。加入蛋并再度用电动搅拌器搅打。用橡刀刮刀拌入面粉、泡打粉、酪乳或酸奶油，搅拌均匀。依食谱指示使用。

2个蛋的蛋糕糊
软化奶油115克（1条）
细砂糖115克（½大杯）
蛋2个
过筛的自发面粉115克（¾大杯）
泡打粉1小匙
酪乳或酸奶油1大匙

4个蛋的蛋糕糊
软化奶油225克（2条）
细砂糖225克（满满1大杯）
蛋4个
过筛的自发面粉225克（1¾大杯）
泡打粉2小匙
酪乳或酸奶油2大匙

5个蛋的蛋糕糊
软化奶油280克（2.5条）
细砂糖280克（1.5大杯）
蛋5个
过筛的自发面粉280克（满满2大杯）
泡打粉2.5小匙
酪乳或酸奶油2.5大匙

6个蛋的蛋糕糊
软化奶油340克（3条）
细砂糖340克（1¾大杯）
蛋6个
过筛的自发面粉340克（2.5大杯）
泡打粉3小匙
酪乳或酸奶油3大匙

可食用花名单

花朵用于料理中的历史已有数百年之久，它们的自然美成为裸蛋糕的最完美装饰之一。可食用花的种类不胜枚举，而且可作为鲜花或糖渍的形式来使用。但有些花仍具毒性，因此，除非确定绝对安全，否则千万不要食用装饰用的花，也不能使用已喷洒化学药剂或杀虫剂的花朵，否则对人体有害。

可食用花清单

以下清单是由我的朋友—— 一位出色的食用花专家凯西·布朗（Kathy Brown）收集汇整而成，感谢凯西带我走进她的种满可食用花的花园，并与我分享她对花的认识和热爱。

蜀葵 Hollyhocks (*Alcea rosea*)
柠檬马鞭草 Lemon Verbena 的花和叶 (*Aloysia triphylla*)
牛舌草 Anchusa (*Anchusa azurea*)
莳花 Dill flowers (*Anethum graveolens*)
雏菊 Daisy (*Beilis perennis*)
琉璃苣 Borage (*Borago officinalis*)
金盏花 Pot Marigolds (*Calendula officinalis*)
甘菊 Chamomile〔罗马洋甘菊 (*Chamaemelum nobile*)〕
柑橘类花 Citrus flowers〔橙 (*citrus sinensis*) 和柠檬 (*citrus limon*)〕
番红花 Saffron (*Crocus sativus*)
栉瓜花 Courgette flowers (*Cucurbita pepo var courgette*、*marrow*)
高山石竹 Alpine Pinks (*Dianthus*)
芝麻菜花 Salad Rocket flowers (*Erucu vesicaria* ssp. *sativa*)
小茴香花 Fennel flower (*Foeniculum vulgare*)
车叶草 Sweet Woodruff (*Galium odoratum*)
向日葵花瓣 Sunflower petals (*Helianthus annuus*)
萱草 Day Lily (*Hemerocallis*)
萝卜花 Sweet Rocket〔欧亚香花芥 (*Hesperis matronalis*)〕
朱槿 Hibiscus (*Hibiscus rosa-sinensis*)

啤酒花 Hops〔蛇麻 (*humulus lupulus*)〕
牛膝草 Hyssop〔神香草 (*Hyssopus officinalis*)〕
薰衣草 Lavender (*Lavendula angustifolia*)
虎皮百合 Tiger Lily〔卷丹 (*Lilium lancifolium*)〕
苹果薄荷 Apple Mint (*Menthe suaveolens*)
香柠檬 Bergamo〔蜂香薄荷 (*Monarda didyma*)〕
欧洲没药 Sweet Cicely (*Myrrhis odorata*)
罗勒花 Basil flowers (*Ocimum basilicum*)
旱金莲 Nasturtium (*Tropaeolum majus*)
月见草 Evening primrose (*Oenothera biennis*)
牛至 Wild marjoram/oregano (*Origanum vulgare*)
芳香天竺葵 Scented Geraniums (*Pelargonium*)
黄花九轮草 Cowslip (*Primula veris*)
欧洲报春 Primrose〔报春花属 (*Primula vulgaris*)〕
玫瑰 Rose〔蔷薇 (*Rosa*)〕
迷迭香 Rosemary (*Rosmarimus officinalis*)
鼠尾草花 Sage flowers (*Salvia officinalis*)
蒲公英 Dandelion (*Taraxacum officinale*)
百里香 Thyme (*Thymus vulgaris*)
幸运草花 Clover flowers〔红菽草 (*Trifolium pratense*)〕
香堇菜 Sweet violet (*Viola odorata*)
堇菜 Viola (*Viola*)
柠檬香蜂草 Lemon balm (*Melissa officinalis Aurea*)

糖霜花瓣

为了对可食用花及叶片进行糖渍，你需要一个鸡蛋的蛋白和一些细砂糖。务必确保花和叶片都完整无缺且洁净。用打蛋器将蛋白打至产生很多泡沫，然后用小而干净的水彩笔将蛋白涂在花瓣、花朵或叶片的前后端，再撒上细砂糖。最好为花瓣、花朵或叶片撒上一层薄薄的糖。重复同样的步骤，一次一片，为所有的花瓣、花朵或叶片撒上糖，然后摆在烤盘内的硅胶烤盘垫或烤盘纸上。摆在温暖处晾干一整夜。晾干后将花瓣、花朵或叶片轻轻地叠在烤盘纸上，储存于密封容器中。这些糖渍花瓣、花朵或叶片可存放1~2个月。

Romantic Charm

浪漫活力

开心果多层蛋糕 *Pistachic layer cake*

在蛋糕糊里加入食用色素，便能让裸蛋糕拥有最漂亮的装饰。将蛋糕糊分成几碗，分别混入不同分量的食用色素，就能做出具渐层色彩的多层蛋糕，在任何宴会的餐桌上都能大放异彩。我个人喜欢营造从亮粉红到淡粉红的效果，再填入淡绿色的开心果内馅。如果你不想放坚果，改用鲜奶油和果酱来堆叠蛋糕即可。

纯香草精 3 小匙
6 个蛋的蛋糕糊配方 1 份（见 P.9）
粉红食用色素凝胶

开心果霜
去壳开心果 200 克（1⅓ 杯）
糖粉满满 2 大匙
高脂鲜奶油 600 毫升（2⅓ 杯）

8 寸的圆形蛋糕模 5 个，涂油并铺上烤盘纸
装有圆形挤花嘴的挤花袋 1 个

12 人份

制作开心果内馅。用食物处理机将 ¾ 的开心果和糖粉快速打成极细的碎屑。在你准备好要堆叠蛋糕前，先将开心果和糖粉碎屑摆在一旁。然后将剩余的开心果略微切碎，摆在一旁准备作为装饰用。

将烤箱预热至 180℃。

将香草精拌入蛋糕糊，并将混料均分至 5 个碗。先在第一个碗中加入极少量的食用色素，然后在每个碗中渐渐增加食用色素的用量，如此便可制成具渐层色彩的面糊。将 5 碗面糊分别盛入 5 个蛋糕模中（如果你没有 5 个蛋糕模，就分批烘烤蛋糕，每次烤完后要清洗蛋糕模、涂油，再铺上烤盘纸）。烘烤 20~25 分钟，烤至用手按压，蛋糕会弹回，而且用刀子插入每块蛋糕的中心，刀子不会黏附面糊为止。让蛋糕在模中放凉几分钟，然后在网架上脱模，放至完全冷却。

如果蛋糕的边缘在烘烤期间稍微烤焦，待冷却后就立刻用利刀小心地修边，让粉红色露出来。

将高脂鲜奶油连同磨碎的开心果和糖粉的混料一起放入一个大碗，用电动搅拌机或打蛋器打发至形成直立尖角。将打好的奶油霜盛入挤花袋。

先将颜色最深的粉红色蛋糕摆到蛋糕盘上，然后挤上一层螺旋状厚厚的奶油霜，务必要将奶油霜挤至蛋糕的边缘。其余蛋糕也以同样方式进行，并按颜色顺序从深色堆叠至浅色。放上最后一层蛋糕后，用抹刀或金属刮刀将奶油霜的边缘抹平。在顶端挤上一层奶油霜，用抹刀或金属刮刀抹至光滑平整，然后将切碎的开心果轻轻压在奶油霜周围。

直接端上桌或冷藏储存至准备享用的时刻。由于蛋糕含有鲜奶油，冷藏最多可保存 2 天，建议在制作当天食用完毕。

情人节多层蛋糕 *Valentine's layer cake*

　　这个以新鲜玫瑰装饰的三层心形蛋糕，不论是在婚宴还是特别的生日宴会上，都会是完美的庆祝装饰品。心形蛋糕模可从烘焙材料商店和网络上购入，也可以租用。若没有心形的蛋糕模，可自行将三块方形蛋糕裁成心形——使用下方的尺寸作为参考；将心形画在一张纸板上，然后将心形剪下作为模板，然后用利刀将蛋糕裁成心形。若你想将这个蛋糕制作成双层的较小版本，只需使用一半的面糊和两个较小的心形蛋糕模。

纯香草精 2 小匙

4 个蛋的蛋糕糊配方 2 份（见 P.9）

符合食品安全、不含杀虫剂的粉红色花朵，如玫瑰

糖霜

奶油奶酪 100 克（将近 1 杯）

过筛糖粉 500 克（3.5 杯）

软化奶油 50 克（3.5 大匙）

牛乳适量（如有需要）

6.5 寸、8 寸、10.5 寸的心形蛋糕模各 1 个，涂油并铺上烤盘纸

20 人份

　　将烤箱预热至 180℃。

　　将香草精拌入混料，并将面糊分装至蛋糕模，小的蛋糕模中少放一些，大的蛋糕模多放一些，并让所有蛋糕模中的面糊均达到相同高度。

　　烘烤蛋糕约 40~55 分钟，烤至用手按压，蛋糕会弹回，而且用刀子插入每块蛋糕的中心，刀子不会黏附面糊为止。较小的蛋糕所需的烘烤时间比较大的蛋糕短，因此在烘烤结束前请留意确认烘烤状况。让蛋糕在模中放凉几分钟，然后在网架上脱模，放至完全冷却。

　　制作糖霜。将奶油奶酪、糖粉和奶油一起搅打至形成顺滑浓稠的糖霜，如果过稠就加入适量牛乳。

　　用大型锯齿刀将每块蛋糕横切半，在两块切半蛋糕中间抹上一层薄薄的糖霜。将最大块的心形蛋糕摆在蛋糕底盘上，在整个表面铺上一层糖霜，并将侧面的糖霜刮得很薄，让人可以透过糖霜看见里面的蛋糕。叠上中等大小的心形蛋糕，并重复以上步骤，最小的蛋糕也以同样方式进行，堆叠出一个心形蛋糕，而且全铺上一层薄薄的奶油霜。让糖霜凝固，然后用玫瑰装饰每层蛋糕的表面。

　　如果你使用整朵花进行装饰，那么这些花就不能食用（茎和花的内部非常苦），因此只能作为装饰，并应在切蛋糕时移除。千万不要食用装饰用花，除非你确定这么做绝对安全。

　　蛋糕在密封容器中最多可保存 2 天，建议在制作当天食用完毕。

草莓香醍蛋糕
Strawberry layer cake with Chantilly cream

这是个铺满鲜奶油、新鲜莓果，而且散发出香草气息的完美夏季蛋糕。如果你想制作较小型款的蛋糕，可以使用 4 个蛋的蛋糕糊，改用较小的 8 寸的方形蛋糕模，并将鲜奶油和香草的用量减半。如果可以的话，可以在香醍鲜奶油中加入真正的香草籽而非香草精，风味更佳。如果你够幸运找到野生草莓作装饰，更是锦上添花。

香草豆粉 1 小匙或纯香草精 2 小匙
6 个蛋的蛋糕糊配方 1 份（见 P.9）
草莓 600 克
草莓果酱 5 大匙
糖粉（撒在表面）
装饰用草莓叶少许

香醍鲜奶油
高脂鲜奶油 600 毫升（2.5 杯）
香草豆粉 1 小匙或 1 根香草荚的籽
过筛糖粉 2 大匙

8 寸、10 寸的方形活底蛋糕模各 1 个，涂油并铺上烤盘纸

18 人份

将烤箱预热至 180℃。

将香草拌入蛋糕糊，将混料盛入蛋糕模，将约 $\frac{2}{3}$ 的蛋糕糊倒入较大的蛋糕模（10 寸），剩余的 $\frac{1}{3}$ 倒入较小的模中（8 寸），并让蛋糕糊的高度相同。在预热好的烤箱内烘烤 30~40 分钟，烤至蛋糕表面呈金棕色，用手按压，蛋糕会弹回，而且用刀子插入每块蛋糕的中心，刀子不会黏附面糊为止。较小的蛋糕所需的烘烤时间比较大的蛋糕短，因此在烘烤结束前请留意烘烤状况。让蛋糕在模中放凉几分钟，然后在网架上脱模，放至完全冷却。

制作香醍鲜奶油。将鲜奶油、香草和糖粉放入大碗，打发至形成直立尖角。

预留 1 到 2 颗完整的草莓作为装饰，然后将其余的草莓去蒂并切片。

用大型锯齿刀将每块蛋糕横切成两半。将较大块且作为底层的半块蛋糕摆到蛋糕盘上，在整个表面铺上香醍鲜奶油，再铺上一些切片草莓和 3 大匙的草莓果酱。盖上另一半的较大块蛋糕，并在上面撒上糖粉。舀 1 大匙的果酱摆在中央，并稍微抹开，让果酱保持在中央，才能被稍后摆上的较小块蛋糕完全覆盖（也有助于固定较小的蛋糕）。将较小块且为底层的半块蛋糕摆到果酱上，然后用香醍鲜奶油、剩余的草莓和果酱重复上述步骤。摆上另一半的小蛋糕并撒上糖粉。用预留的完整草莓和几片草莓叶进行装饰。切蛋糕前必须将草莓叶移除。

直接端上桌或冷藏储存至准备享用的时刻。由于蛋糕含有鲜奶油，建议在制作当天食用完毕。

土耳其软糖蛋糕  *Turkish delight cake*

　　有着粉红和黄色分层，并在顶端堆上闪耀土耳其软糖的迷人蛋糕，看起来美丽如画。它散发出的玫瑰花香衬托出土耳其软糖的风味，并以玫瑰花瓣奶油霜和玫瑰果酱作为内馅。如果你觉得玫瑰的味道过于强烈，改用原味鲜奶油和覆盆子果酱即可，口感同样美味。

玫瑰糖浆或玫瑰花水 1 大匙
4 个蛋的蛋糕糊配方 1 份（见 P.9）
粉红食用色素
玫瑰果酱（或覆盆子果酱）3 大匙
糖粉（撒在表面）
粉红色和黄色的土耳其软糖（切成小块）

玫瑰奶油
可食用、不含杀虫剂的芳香玫瑰花瓣 1 把
玫瑰糖浆 1 大匙
过筛糖粉 1 大匙
无味油 1 大匙（如植物油或葵花油）
高脂鲜奶油 400 毫升（1¼ 杯）

8 寸的圆形蛋糕模 2 个，涂油并铺上烤盘纸

10 人份

　　将烤箱预热至 180℃。

　　用刮刀将玫瑰糖浆拌入蛋糕糊，然后将一半的混料盛至其中一个蛋糕模。在剩余的蛋糕糊中加入几滴粉红色食用色素，搅打至颜色均匀。将粉红色的蛋糕糊盛进第 2 个蛋糕模。将两个蛋糕模放入烤箱烘烤 25~30 分钟，烤至用手按压，蛋糕会弹回，而且用刀子插入每块蛋糕的中心，刀子不会黏附面糊为止。让蛋糕在模中放凉几分钟，然后在网架上脱模，放至完全冷却。

　　制作玫瑰奶油内馅。将玫瑰花瓣、玫瑰糖浆、糖粉和油在食物处理机中快速打成糊状。将玫瑰糊和鲜奶油一起放入搅拌碗，打发至形成直立尖角。

　　用大型锯齿刀裁去蛋糕边缘，露出里面的粉红色和黄色海绵蛋糕。将每块蛋糕横切。将其中半块粉红蛋糕摆在蛋糕盘上，然后将 ⅓ 的玫瑰奶油馅铺在表面。放上少许的果酱，稍微抹开，再放上其中半块的黄色蛋糕。重复涂奶油馅和果酱的步骤，直到四个半块蛋糕都依颜色交互相叠。再用抹刀或金属刮刀将奶油馅的边缘抹平。

　　在蛋糕顶端撒上一些糖粉，然后在蛋糕顶端用土耳其软糖进行装饰。

　　直接端上桌或冷藏储存至准备享用的时刻。由于蛋糕含有鲜奶油，冷藏最多可保存 2 天，建议在制作当天食用完毕。

迷你婚礼蛋糕  *Miniature wedding cakes*

　　我非常喜欢这些迷你婚礼蛋糕——它们如此漂亮，而且可以让人在装饰上尽情发挥创意。甚至可以用它们来取代婚礼上的蛋糕，让每名宾客都拥有一份个人蛋糕。这些蛋糕以极薄的翻糖覆盖，将蛋糕密封，蛋糕能够完好保存数日。可自行选择用任何方式为蛋糕调味，因为这些只是单一口味的海绵蛋糕，但也可依个人喜好加入柠檬皮、巧克力豆，或是少许的苹果泥。让创意拥有无限的可能！

5 个蛋的蛋糕糊配方 1 份（见 P.9）
翻糖 / 过筛糖粉 400 克（2¼ 杯）
符合食品安全的花（如玫瑰）或糖花
（装饰用）

糖衣

过筛糖粉 250 克（1¾ 杯）

软化奶油 10 克（½ 大匙）

奶油奶酪 1 大匙

香草豆粉 ½ 小匙或纯香草精 1 小匙

牛乳少许（如有需要）

16×11 寸的浅方形蛋糕模 1 个，涂油并铺上烤盘纸

3.5、2.5、1.5 寸的圆形切割器

6 个

　　将烤箱预热至 180℃。

　　将蛋糕糊盛入蛋糕模，在预热好的烤箱内烘烤 30~40 分钟，烤至蛋糕表面呈金棕色，用手按压，蛋糕会弹回，而且用刀子插入每块蛋糕的中心，刀子不会黏附面糊为止。让蛋糕在模中放凉几分钟，然后在网架上脱模，放至完全冷却。

　　制作奶油霜。将糖粉、奶油、奶油奶酪和香草一起搅打至形成顺滑浓稠的糖衣，如果过稠就加入少许牛乳。

　　用切割器切出 6 个圆形蛋糕。在每块中型尺寸的圆形蛋糕底部抹上少许奶油霜，并依次放在大型圆蛋糕上，再放上小型圆蛋糕，用少许奶油霜固定在每叠蛋糕上，如此便可制成 6 个迷你婚礼蛋糕。

　　制作糖衣。将翻糖 / 过筛糖粉和 80~100 毫升（约 ⅓ 杯）的水加热至形成顺滑、软黏，而且几乎半透明的糖衣。将 6 个蛋糕摆在网架上，下方铺上铝箔纸或烤盘纸，以盛接滴落的糖衣。为蛋糕淋上一层薄薄的糖衣，让蛋糕被糖衣完全覆盖。若使用糖花，应在糖衣凝固前摆上糖花。若不使用糖花，就让糖衣凝固。用利刀将蛋糕从网架上移开。

　　在准备将蛋糕端上桌前，再用鲜花装饰每块蛋糕。若使用整朵花进行装饰，那么这些花就不能食用（茎和花非常苦），并应在切蛋糕时将其移除。千万不要食用装饰用花，除非你确定这么做绝对安全。

　　蛋糕可在密封容器中最多保存 3 天。

蜜桃蛋白霜多层蛋糕
Peach melba meringue layer

　　知名歌手内莉·梅尔巴女爵士（Dame Nellie Melba）喜爱的复古甜点——蜜桃冰淇淋——冰淇淋和蜜桃的组合，就是这道让人感到放纵的蛋糕的灵感来源。搭配酥脆的蛋白霜脆饼、炖煮蜜桃、覆盆子和鲜奶油，任何特殊场合都非常适合端出这款蛋糕。若想制作较小型的蛋糕，只要将蛋白霜与蛋糕的使用量减半，而且只要制作一层的蛋糕和一块蛋白霜饼即可。

香草酱或纯香草精 1 小匙
4 个蛋的蛋糕糊配方 1 份（见 P.9）
糖粉（撒在表面）

蛋白霜饼
蛋清 4 个
细砂糖 225 克（1 杯加 1 大匙）

蜜桃内馅
桃 8 个
高脂鲜奶油 500 毫升（2 杯），打发
覆盆子 400 克（14 盎司）

8 寸的圆形蛋糕模 2 个，涂油并铺上
烤盘纸
烤盘 2 个，铺上烤盘纸

12 人份

　　将烤箱预热至 140℃。

　　制作蛋清霜饼。用手持式电动搅拌棒将蛋清打发至形成直立尖角。加糖，一次加一匙，在每加入一匙糖后搅打，直到形成浓稠有光泽的蛋白霜，而且在将搅拌器提起时，蛋白霜会直立形成尖角状。

　　在烤盘上制作两个 8 寸的圆形蛋白霜饼，在顶端做出漩涡状的装饰尖角。在预热好的烤箱中烘烤 1.5 小时，直到蛋白霜饼变得酥脆，然后在烤盘上放凉。

　　将烤箱温度调高至 180℃。将香草拌入蛋糕糊，并将混料均分至准备好的蛋糕模。烘烤 20~30 分钟，烤至蛋糕表面呈金棕色，用手按压，蛋糕会弹回，而且用刀子插入每块蛋糕的中心，刀子不会黏附面糊为止。让蛋糕在模中放凉几分钟，然后在网架上脱模，放至完全冷却。

　　将桃放入碗中，然后倒入沸水，让沸水淹过桃。静置数分钟后将水倒掉。在桃冷却至可用手拿取时，剥皮，因为热水会让皮变松。去掉果核并将果肉切片。

　　进行组装，将一块蛋糕摆在蛋糕盘上，撒上糖粉。摆上 1/3 的打发鲜奶油并铺上一半的桃片。放上一片蛋白霜饼，再盖上 1/3 的鲜奶油和覆盆子。接下来摆上第 2 块海绵蛋糕，撒上糖粉。铺上剩余的鲜奶油和桃。最后再放上第 2 片的蛋白霜饼，然后撒上更多的糖粉。

　　直接端上桌或是冷藏储存至准备享用的时刻。由于蛋糕含有鲜奶油，冷藏最多可保存 2 天，建议在制作当天食用完毕。

玫瑰蛋糕 *Rose cake*

我喜欢在烘焙时使用玫瑰花瓣——每当花园的空气中充满玫瑰花香时，它们细致的芳香都提醒我温暖的夏天到了。这种大型的蛋糕非常适合在庆祝活动中搭配茶饮享用。

香草精 2 小匙

6 个蛋的蛋糕糊配方 1 份（见 P.9）

可食用干燥玫瑰花瓣（装饰用）

花瓣

不含杀虫剂的可食用玫瑰花瓣

蛋清 1 个

玫瑰花水 1 小匙

糖粉（撒在表面）

馅料

不含杀虫剂的可食用玫瑰花瓣 1 把

玫瑰糖浆 1 大匙

糖粉 1 大匙

高脂鲜奶油 400 毫升（$1\frac{3}{4}$ 杯）

玫瑰花瓣果酱

水彩笔 1 支

烤盘 1 个，铺上硅胶垫或烤盘纸

8 寸的圆形蛋糕模 3 个，涂油并铺上烤盘纸

装有大的星形挤花嘴的挤花袋 1 个

10 人份

制作糖霜玫瑰花瓣。将蛋清和玫瑰花水一起搅打至起很多泡沫。用水彩笔将蛋清涂在花瓣的前后两面，然后撒上糖。将糖从花的上方撒落，并在下方摆一个盘子盛接多余的糖。所有的花瓣都以同样方式进行，一次撒一片，然后摆在准备好的烤盘上。置于温暖处风干一整夜。干燥后，将花瓣储存在密封容器中备用。

将烤箱预热至 180℃。

将香草拌入蛋糕糊，并将混料均分至蛋糕模。烘烤 20~30 分钟，烤至蛋糕表面呈金棕色，用手按压，蛋糕会弹回，而且用刀子插入每块蛋糕的中心，刀子不会黏附面糊为止。让蛋糕在模中放凉几分钟，然后在网架上脱模，放至完全冷却。

制作馅料。将玫瑰花瓣连同玫瑰糖浆和糖粉一起放入食物处理机，快速打成膏状。将玫瑰花瓣膏和鲜奶油放入大碗，用电动搅拌器打发至形成直立尖角。再盛入挤花袋中。

先将一块蛋糕摆在盘子上，挤上 $\frac{1}{3}$ 的玫瑰奶油霜。放上一些玫瑰花瓣果酱。摆上第 2 块蛋糕，铺上 $\frac{1}{3}$ 的奶油霜和更多的玫瑰花瓣果酱。摆上最后一块蛋糕。用抹刀或金属刮刀铺上剩余的玫瑰奶油霜，然后在蛋糕中央用糖霜玫瑰花瓣装饰，并以可食用的干燥玫瑰花瓣在边缘排成环状。

直接端上桌或冷藏储存至准备享用的时刻。由于蛋糕含有鲜奶油，冷藏最多可保存 2 天，建议在制作当天食用完毕。

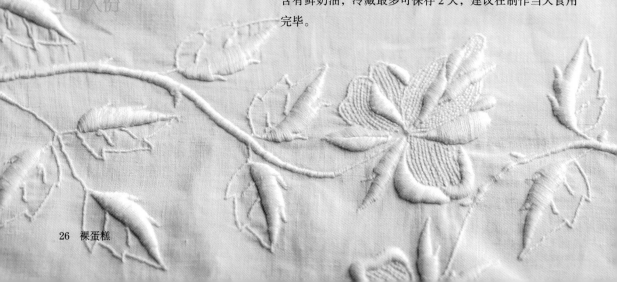

那不勒斯蛋糕 *Neapolitan cakes*

　　漂亮的多层蛋糕的灵感来自经典的粉红、白色和棕色的多层那不勒斯冰淇淋。一层浓郁的巧克力，一层简单的香草和一层漂亮的草莓海绵蛋糕层，各层蛋糕的顺序可依个人喜好随意组合。

6 个蛋的蛋糕糊配方 1 份（见 P.9）
融化的纯 / 苦甜巧克力 100 克
香草精 1 小匙
粉红食用色素凝胶

馅料
过筛糖粉 500 克（3.5 杯）
软化奶油 30 克（2 大匙）
香草豆粉 ½ 小匙或纯香草精 1 小匙
牛乳适量（如有需要）
粉红食用色素凝胶几滴
过筛的无糖可可粉 2 大匙

装饰用
巧克力刨花 2 大匙
压碎的蜂巢脆饼 2 大匙
冷冻干燥覆盆子或草莓碎片 2 大匙

8 寸的方形蛋糕模 3 个，涂油并铺上烤盘纸
1.5 寸的圆形甜点 / 饼干切割器 1 个

16 人份

　　将烤箱预热至 180℃。

　　将蛋糕糊均分至 3 个碗中。在其中一个碗中加入融化的巧克力。轻轻地拌匀，然后盛入蛋糕模。将香草精加进第 2 个碗中并拌匀，再盛入另一个蛋糕模中。最后滴几滴粉红食用色素凝胶到第 3 个碗，然后将混料盛入最后一个蛋糕模。

　　在预热好的烤箱内烘烤蛋糕 20~25 分钟，烤至蛋糕摸起来结实，而且用刀子插入每块蛋糕的中心，刀子不会黏附面糊为止。让蛋糕在模中放凉几分钟，然后在网架上脱模，放至完全冷却。

　　制作奶油霜馅料。将糖粉、奶油和香草豆粉或香草精一起搅打至形成顺滑浓稠的糖衣，若混料过稠就加入适量牛乳。将奶油霜分装至 3 个碗。在其中一份奶油霜中加入少许粉红食用色素凝胶，并在另一份中加入过筛的可可粉，第 3 份保留原味。

　　进行组装。使用切割器将每块蛋糕切成 16 个圆形。依个人喜欢的顺序，将 3 块不同颜色的蛋糕，并且不同口味的奶油霜叠在一起，用抹刀或金属刮刀将奶油霜抹开。

　　最后撒上装饰用材料。在巧克力蛋糕顶端撒上巧克力刨花，在白色蛋糕顶端撒上压碎的蜂巢脆饼，并在粉红蛋糕顶端撒上冷冻干燥的覆盆子或草莓碎片。

　　蛋糕在密封容器中最多可保存 2 天，建议在制作当天食用完毕。

红丝绒蛋糕 *Red velvet cake*

红丝绒蛋糕是美国人的最爱，用可可和巧克力调味，并用食用红色素染色。这道蛋糕裹上一层薄薄的奶油霜，再以白玫瑰进行装饰，是一道令人惊艳的婚礼蛋糕。

无糖可可粉60克（将近 $\frac{2}{3}$ 杯）

6个蛋的蛋糕糊配方1份（见P.9）

融化的纯／苦甜巧克力100克

红色食用红色素凝胶

符合食品安全、不含杀虫剂的
白玫瑰（装饰用）

糖霜

奶油奶酪200克（将近1杯）

过筛糖粉400克（ $2\frac{3}{4}$ 杯）

软化奶油50克（3.5大匙）

牛乳少许（如有需要）

8寸的圆形蛋糕模3个，涂油并铺上
烤盘纸

5寸的圆形弹簧扣蛋糕模2个，涂油
并铺上烤盘纸

14人份

将烤箱预热至180℃。

在蛋糕糊上方过筛可可粉，然后用刮刀连同融化的巧克力和几滴红色食用色素一起拌匀。将混料分装至蛋糕模，在较小的蛋糕模中少放一些，较大的蛋糕模多放一些，让面糊都达到相同高度。烘烤约20~25分钟，烤至用手按压，蛋糕会弹回，而且用刀子插入每块蛋糕的中心，刀子不会黏附面糊为止。较小的蛋糕所需的烘烤时间比较大的蛋糕短，因此在烘烤完成前请留意确认烘烤状况。让蛋糕在模中放凉几分钟，然后在网架上脱模，放至完全冷却。

制作糖霜。将奶油奶酪、糖粉和奶油一起搅打至形成顺滑浓稠的糖衣，若糖霜过稠，请加入少许牛乳。

将一块较大的蛋糕摆在盘子上，铺上一层奶油霜。再盖上另一块大蛋糕，重复同样的步骤，做成一个三层的大蛋糕。在堆叠后的蛋糕中央铺上少许糖霜，然后摆上一块较小的蛋糕，并在顶端铺上少许糖霜，然后摆上最后一块蛋糕。用圆刃刀为蛋糕铺上一层薄薄的糖霜，让人可透过糖霜看到里面的蛋糕。

用玫瑰装饰。整朵花只能作为装饰，不能食用（茎和花的内部非常苦），并应在切蛋糕时移除。千万不要食用装饰用花，除非你确定这么做绝对安全。

蛋糕在密封容器中最多可保存2天，建议在制作当天食用完毕。

蓝莓柠檬蛋糕
Blueberry and lemon cakes

香味扑鼻的蓝莓和爽口的柠檬在小蛋糕上是完美的组合。以打发鲜奶油和柠檬凝乳制成的内馅，再摆上一些多汁的蓝莓，非常适合在茶会上享用。

柠檬 2 个，刨碎果皮
4 个蛋的蛋糕糊配方 1 份（见 P.9）
高脂鲜奶油 200 毫升（¾ 杯），打发
柠檬凝乳 4 大匙
蓝莓 200 克（1.5 杯）

糖衣

翻糖/过筛糖粉 170 克（1¼ 杯）
2 颗柠檬，现榨成果汁

2.5 寸的圆形蛋糕模 8 个，涂油并铺上烤盘纸
装有大的圆形挤花嘴的挤花袋 1 个（随意）
装有星形挤花嘴的挤花袋 1 个

8 个

将烤箱预热至 180℃。

将柠檬皮拌入蛋糕糊，并将混料均分至 8 个圆形蛋糕模。可用汤匙盛取，或将面糊填入挤花袋中，以便灵活地挤出。

在预热好的烤箱里烘烤 20~30 分钟，烤至蛋糕呈金棕色，而且用手按压，蛋糕会弹回为止。让蛋糕在模中放凉几分钟，然后用利刀划过每个圆形蛋糕模内部的边缘，脱模。将蛋糕摆在网架上，放至完全冷却。

将每块蛋糕切半，然后用挤花袋在每块底层蛋糕上挤出螺旋形的打发鲜奶油。放上少许柠檬酱和一些蓝莓，接着摆上另一半的蛋糕。

制作糖衣。将翻糖/糖粉和柠檬汁一起搅打（逐步加入，因为你可能不会用到全部的柠檬汁），直到形成顺滑浓稠的糖衣。从蛋糕顶端淋下糖衣，在侧面也滴几滴，并让糖衣凝固几分钟。用一些蓝莓装饰，然后静置，让糖衣凝固。

冷藏储存至准备端上桌的时刻。由于蛋糕含有鲜奶油，建议在制作当天食用完毕。冷藏最多可保存 2 天。

Chic Simplicity

简约时尚

柠檬覆盆子蛋糕卷
Lemon and raspberry roulade

　　蛋糕卷是既美观又松软的蛋糕，非常适合作为宴会上的甜点。只要撒上一点糖粉，并放上一些蘸有巧克力的覆盆子，这清爽的水果蛋糕看起来简单又不失优雅，而且尝起来美味可口。

牛乳 150 毫升（$\frac{2}{3}$ 杯）
自发面粉 40 克（满满 $\frac{1}{4}$ 杯），过筛
蛋 5 个
细砂糖 150 克（$\frac{3}{4}$ 杯）
柠檬 2 颗，刨碎果皮
糖粉（撒在表面）

馅料
高脂鲜奶油 400 毫升（$1\frac{3}{4}$ 杯）
现成卡士达酱 4 大匙
覆盆子 400 克（约 3.5 杯）

装饰用
融化的白巧克力 50 克

15×11 寸的瑞士卷模，涂油并铺上烤盘纸；烤盘 1 个，铺上硅胶垫或烤盘纸

6~8 人份

　　将烤箱预热至 200℃。

　　在酱汁锅中以低温加热牛乳和面粉，并搅打成顺滑的糊状。

　　在搅拌碗中搅打蛋黄和糖，搅打至形成浓稠且充满空气的膏状。加入面糊和柠檬皮搅打。

　　在另一个搅拌碗中将蛋清打发至形成直立尖角。一次以 $\frac{1}{3}$ 的量，将蛋清拌入面糊中。将混料倒入蛋糕模中，将面糊轻轻地均匀摊平，以免面糊里的空气散逸。在预热好的烤箱里烘烤 8~12 分钟，烤至蛋糕表面呈金棕色，而且用手按压，海绵蛋糕体会弹回为止。

　　将一张大于蛋糕模的不粘黏烤盘纸摆在平坦的桌面上，并撒上糖粉。将蛋糕卷从烤箱中取出，然后用撒上糖粉的烤盘纸将海绵蛋糕体向上卷起，让烤盘纸在蛋糕卷内放凉。

　　将蛋糕端上桌之前，需要将鲜奶油打发至形成直立尖角。将蛋糕卷摊开。用刮刀为海绵蛋糕铺上一层打发鲜奶油和一层卡士达奶油酱。将大多数的覆盆子均匀地撒在上面，保留约 10 颗做最后的装饰。将蛋糕卷向上卷起，摆在蛋糕盘上，然后再撒上一些糖粉。

　　将融化的白巧克力放在小碗中，将预留的覆盆子一半浸在巧克力中。在蛋糕卷上方滴几滴融化的白巧克力，以方便粘覆盆子，然后将覆盆子排在蛋糕卷上方。即可享用。

克莱门氏小柑橘蛋糕  *Clementine cakes*

我喜爱克莱门氏小柑橘细致的果香。用一点小柑橘糖衣和漂亮的玫瑰花瓣进行装饰，这些迷你蛋糕是下午茶的完美搭配。

2个蛋的蛋糕糊配方1份（见P.9）
克莱门氏小柑橘汁1大匙
克莱门氏小柑橘2颗（刨碎的柑橘皮做装饰）

糖衣
翻糖／过筛糖粉170克（1¼杯）
克莱门氏小柑橘汁40毫升（3大匙）

花瓣
可食用且不含杀虫剂的橙色玫瑰花瓣20~30片
蛋清1个
糖粉（撒在表面）

水彩笔1支
烤盘1个，铺上硅胶垫或烤盘纸
3寸的圆形蛋糕模10个，涂油并铺上烤盘纸
装有大的圆形挤花嘴的挤花袋1个（可选）

10个

先制作糖霜玫瑰花瓣，因为这些花瓣需风干一整夜。将蛋清打至起很多泡沫。用水彩笔将蛋清涂在花瓣的前后两面，然后撒上糖粉。从花朵的上方撒下糖粉，并在下方摆一个盘子盛接多余的糖。所有的花瓣都以同样方式进行，一次撒一片，然后摆在烤盘上。置于温暖处风干一整夜。干燥后，将花瓣储存在密封容器中备用。

将烤箱预热至180℃。

将克莱门氏小柑橘汁和小柑橘皮拌入蛋糕糊，并将混料均分至10个蛋糕模。你可以用汤匙舀面糊，或是将面糊装入挤花袋，方便挤出。在预热好的烤箱里烘烤20~30分钟，烤至蛋糕表面呈金棕色，用手按压，蛋糕会弹回，而且用刀子插入每块蛋糕的中心，刀子不会黏附面糊为止。让蛋糕在模中放凉几分钟，然后用利刀划过每个圆形蛋糕模内部边缘，将蛋糕脱模。将蛋糕摆在网架上，放至完全冷却。

制作糖衣。将翻糖／糖粉和克莱门氏小柑橘汁一起搅打至刚好可以流动，并盛一些淋在每块蛋糕顶端。用糖霜玫瑰花瓣和一些刨碎的小柑橘皮进行装饰，静置至糖衣凝固。

蛋糕放在密封容器中最多可保存2天，最好在制作当天食用完毕。

柠檬蛋白霜蛋糕 *Lemon meringue cake*

这款蛋糕的灵感来自于一道人气甜点——柠檬蛋白霜派。渐层的黄柠檬糖霜蛋糕片，带有奶油霜和柠檬凝乳的内馅，再放上一朵朵的意式蛋白霜顶饰。

柠檬 3 颗，刨碎果皮
6 个蛋的蛋糕糊配方 1 份（见 P.9）
黄色食用色素凝胶（黄色）

水晶糖霜
3 颗柠檬，现榨成果汁
糖粉 3 大匙
柠檬凝乳 2 大匙

馅料
过筛糖粉 350 克（2.5 杯）
软化奶油 2 大匙
牛乳 1~2 大匙（如有需要）

蛋白霜顶饰
细砂糖 100 克（$\frac{1}{2}$ 杯）
金黄糖浆 / 浅色玉米糖浆 1 大匙（也可用蜂蜜代替）
蛋白 2 个

8 寸的圆形蛋糕模 3 个，涂油并铺上烤盘纸
装有大的星形挤花嘴的挤花袋 1 个（可选）
厨用瓦斯喷枪 1 个

12 人份

将柠檬皮拌入蛋糕糊中。将 $\frac{1}{3}$ 的混料盛至蛋糕模中。在剩余的蛋糕糊中加入几滴食用黄色素，搅打均匀。将一半的黄色面糊盛入第 2 个蛋糕模。在剩余的面糊中再加入几滴食用色素，形成更深的黄色，然后盛入最后一个蛋糕模。在预热至 180℃的烤箱里烘烤 25~30 分钟，烤至用手按压，蛋糕会弹回，而且用刀子插入每块蛋糕的中心，刀子不会黏附面糊为止。

制作水晶糖霜。在酱汁锅中将柠檬汁和糖粉加热煮沸。将 $\frac{1}{3}$ 的水晶糖霜趁热淋在每块蛋糕上，然后在模型中放凉。

制作奶油馅。将糖粉和奶油一起搅打至形成顺滑浓稠的糖衣，若混料过于浓稠，可加入适量牛乳。

若想露出海绵蛋糕的颜色，请用利刀为每块蛋糕修边。将颜色最深的黄蛋糕摆在最下面，铺上一半的奶油霜。加入一大匙的柠檬凝乳，在奶油霜上方抹开。叠上中间层的黄蛋糕，同样抹上奶油霜和柠檬凝乳。再叠上最后一块蛋糕。

制作意式蛋白霜。在酱汁锅中加入细砂糖、糖浆和 3 大匙的水，加热直到糖溶解，然后煮沸。在一个大碗中，用手动打蛋器或电动搅拌机将蛋清打发至形成直立尖角。将热糖浆分次缓慢地倒入蛋清中，搅打至蛋白霜稍微冷却。最好使用桌上型搅拌机来完成搅打。将蛋白霜盛入挤花袋中，并在蛋糕顶端挤出数朵尖尖的蛋白霜。用厨用瓦斯喷枪将蛋白霜稍微烤焦。

这款蛋糕因蛋白霜顶饰的关系，最好在制作当天食用完毕。

焦糖多层蛋糕 *Garamel layer cake*

　　这款蛋糕会令太妃糖的爱好者欣喜不已，因为海绵蛋糕以带有糖蜜味道的黑糖调味，每层蛋糕均淋上焦糖，中间再铺上厚厚的凝脂奶油。蛋糕以三色堇装饰，也可改用焦糖或巧克力装饰。

黑砂糖 340 克（ 1¾ 杯）

奶油 340 克（3 条）

蛋 6 个

过筛的自发面粉 340 克（2.5 杯）

酸奶油 2 大匙

可食用花，如三色堇或菊花花瓣（装饰用）

焦糖镜面

奶油 50 克（3.5 大匙）

细砂糖 100 克（ ½ 杯）

高脂鲜奶油 125 毫升（ ½ 杯）

翻糖 / 过筛糖粉 80 克（ ½ 杯）

馅料

凝脂奶油 225 克或高脂鲜奶油 300 毫升（ 1¼ 杯），打发

8 寸的圆形蛋糕模 3 个，涂油并铺上烤盘纸

12 人份

将烤箱预热至 180℃。

　　制作蛋糕。将糖和奶油搅打至松发泛白。一次打一个蛋。拌入面粉和酸奶油，将混料均分至蛋糕模。在预热好的烤箱里烘烤 25~30 分钟，烤至蛋糕表面呈金棕色，用手按压，蛋糕会弹回，而且用刀子插入每块蛋糕的中心，刀子不会黏附面糊为止。蛋糕在模中放凉几分钟，然后在网架上脱模，放至完全冷却。

　　制作焦糖镜面。在酱汁锅中加入奶油和细砂糖，加热直到其融化，混料开始变为焦糖。加入鲜奶油，微热至形成金黄色的焦糖。倒入鲜奶油时要小心，因为混料可能会喷出。在加入鲜奶油时，若糖结块也无需担心，因为糖会融化，或是可用滤网 / 细孔滤器来过滤混料。将糖粉过筛至焦糖中，打至顺滑，然后放至稍微冷却。

　　将冷却的焦糖淋在网架上的每块蛋糕上，下方垫一张铝箔纸盛接滴落的焦糖。将一半的凝脂奶油铺在两块蛋糕上方，然后在盘子上堆叠蛋糕，再将已淋上焦糖的蛋糕摆在顶端。用可食用花装饰。整朵花只能作为装饰，不能食用（茎和花的内部非常苦），并应在切蛋糕时移除。千万不要食用装饰用花，除非你确定这么做绝对安全。

　　直接端上桌或冷藏储存至准备享用的时刻。由于蛋糕含有鲜奶油，冷藏最多可保存 2 天，建议在制作当天食用完毕。

花式裸蛋糕 *Naked fancies*

传统的花式翻糖蛋糕会覆盖一层有光泽的糖衣，但这款花式蛋糕用几乎无法察觉的半透明糖衣覆盖，让你可以看见蛋糕和下面一层层的奶油霜。用糖渍花进行装饰，这些蛋糕非常适合在下午茶时间享用。如果你没有紫罗兰香甜酒，可自行选择其他的香甜酒——君度橙酒或柑曼怡效果都不错。

2 个蛋的蛋糕糊配方 1 份（见 P.9）
紫罗兰香甜酒 40 毫升（3 大匙），淋在表面
糖渍花或花瓣（如紫罗兰），装饰用
可食用亮粉（可选）

奶油霜
糖粉 300 克（满满 2 杯）
软化奶油 30 克（2 大匙）
牛乳 1~2 大匙（如有需要）

翻糖镜面
翻糖 / 过筛糖粉 280 克（2 杯）
紫罗兰香甜酒 50 毫升（3.5 大匙）

8 寸的方形蛋糕模 1 个，涂油并铺上烤盘纸

16 人份

将烤箱预热至 180℃。

将蛋糕糊盛至蛋糕模，在预热好的烤箱里烘烤 20~25 分钟，烤至蛋糕表面呈金棕色，用手按压，蛋糕会弹回，而且用刀子插入每块蛋糕的中心，刀子不会黏附面糊为止。让蛋糕在模中放凉几分钟，然后在钢架上脱模，放至完全冷却。

制作奶油霜。将糖粉和奶油搅打至松发泛白，若混料过于浓稠，可加入适量牛乳。

用大型锯齿刀将蛋糕横切成两半。将置于底部的切半蛋糕摆在砧板或刚好可放入冰箱的小盘子上。将紫罗兰香甜酒淋在蛋糕上，并铺上一层薄薄的奶油霜。放入冰箱冷却 2 小时，直到奶油霜凝固。为蛋糕修边，然后将蛋糕切成 16 块大小相等的方形。

制作翻糖镜面。在酱汁锅中加热翻糖 / 糖粉，以及紫罗兰香甜酒和约 100 毫升（满满 1/3 杯）的水。逐步加水，直到糖衣可以流动而且形成几乎是半透明的质地，即得到薄薄的糖衣。

将温热的糖衣倒在蛋糕上，务必将每块蛋糕完全覆盖，或是用蛋糕黏附糖衣，请小心糖衣不要太烫。将覆盖糖衣的蛋糕摆到钢架上，下方垫一张铝箔纸来盛接滴落的糖衣。

用糖渍花朵或花瓣在蛋糕顶端进行装饰，也可撒上可食用亮粉制造闪亮的效果。

蛋糕在密封容器中最多可保存 2 天。

巧克力薄荷糖霜卷
Chocolate peppermint frosted roulade

这款优雅的蛋糕卷只需撒上可可粉，并用一些糖霜薄荷叶装饰，是一道别致且令人印象深刻的甜点。

牛乳 150 毫升（$2/3$ 杯）

过筛的自发面粉 40 克（$1/4$ 杯）

蛋 5 个

细砂糖 100 克（$1/2$ 杯）

融化的薄荷味纯 / 苦甜巧克力 100 克

高脂鲜奶油 350 毫升（$1\frac{1}{2}$ 杯）

糖粉和无糖可可粉，撒在表面

糖霜薄荷叶

新鲜薄荷叶

蛋清 1 个

细砂糖，撒在表面

水彩笔 1 支

烤盘 1 个，铺上硅胶垫或烤盘纸

15×11 寸的瑞士卷模 1 个，涂油并铺上烤盘纸

6~8 人份

先制作糖霜薄荷叶。将蛋清搅打至起很多泡沫。用水彩笔将蛋清涂在花瓣的两面，然后撒上糖，让每片叶子裹上一层薄薄的糖衣。摆在烤盘上，放在一旁备用。你也能将这些叶子置于温暖处风干一整夜，然后储存于密封容器中备用。

将烤箱预热至 200℃。

制作蛋糕卷。在酱汁锅中以低温加热牛乳和面粉，然后搅打成顺滑的糊状。另外，在大型搅拌碗中搅打蛋黄和糖至形成浓稠且充满空气的糊状。将面糊加入糖和蛋中一起搅拌，然后再加入融化的巧克力搅拌。

在另一个碗中将蛋清打发至形成直立尖角。一次加入 $1/3$，将蛋清拌入蛋糕卷的面糊里。将混料倒入瑞士卷模具，均匀地铺平。烘烤 8~12 分钟，烤至用手按压，海绵蛋糕体会弹回。

将一张稍大于蛋糕模的不粘黏烤盘纸摆在平坦的蛋糕表面，撒上糖粉和可可粉。将蛋糕卷从烤箱中取出，倒在撒上糖粉的烤盘纸上。将不粘黏的烤盘纸抽离，然后再用撒上糖粉的烤盘纸将海绵蛋糕体向上卷起，让烤盘纸在蛋糕卷内。放至完全冷却。

在蛋糕端上桌前，将鲜奶油打发至形成直立尖角。将蛋糕卷摊开。用刮刀在海绵蛋糕上铺一层鲜奶油，然后将蛋糕卷向上卷起。摆在蛋糕盘上，再撒上一些可可粉。用糖霜薄荷叶装饰，即可享用。

直接端上桌或冷藏储存至准备享用的时刻。由于蛋糕含有鲜奶油，冷藏最多可保存 2 天，建议在制作当天食用完毕。

椰香覆盆子天使蛋糕
Coconut angel cake with raspperries

天使蛋糕是一种无脂肪的海绵蛋糕，不使用蛋黄制作，因此在切开时内部全部为白色。传统做法是使用直边且中空的天使蛋糕模进行烘烤，也可使用邦特蛋糕模来烤蛋糕。这个版本是在蛋糕顶端摆上椰子糖衣和新鲜覆盆子，海绵蛋糕里则含有甜椰子。

中筋面粉 140 克（满满 1 杯）

糖粉 100 克（¾ 杯）

蛋清 8 个

细砂糖 100 克（½ 杯）

盐 1 撮

塔塔粉 1 小匙

甜味长椰丝 / 无糖干燥椰子 80 克（满满 1 杯）

糖衣

椰浆 30 毫升（1/8 杯）

糖粉 150 克（1 杯）

装饰用

长椰丝或新鲜椰子薄片 30 克（½ 杯）

覆盆子 300 克（约 3¼ 杯）

糖粉，撒在表面

10 寸天使蛋糕模 1 个，涂油

8 人份

将烤箱预热至 180℃。

将面粉和糖粉一起过筛，然后摆在一旁备用。在洁净的搅拌碗中将蛋清打发至形成直立尖角。加入细砂糖一起搅打，一次加一匙，然后加入盐和塔塔粉。小心地拌入面粉和糖粉的混料以及椰子，用刮刀轻轻拌匀，尽可能在面糊中多保留一些空气。将混料盛进蛋糕模，烘烤 30~35 分钟，烤至蛋糕表面呈金棕色，用手按压很结实，而且用刀子插入每块蛋糕的中心，刀子不会黏附面糊为止。在脱模前用刀小心地划过蛋糕边缘，以确保蛋糕不粘黏，然后在网架上脱模，放至完全冷却。

在干燥的煎锅中，将装饰用椰子低温烤至呈淡金棕色。椰子很容易烧焦，因此请注意煎烤时间，一旦变色应立刻倒至洁净的盘子上，以免在热锅中过度煎烤。

制作糖衣。将椰浆和糖粉一起搅打至形成顺滑浓稠的糖衣。铺在蛋糕顶端。放上覆盆子和烤椰子，并撒上糖粉。

蛋糕最好在制作当天食用完毕。

巴腾堡裸蛋糕  *Naked Battenberg*

　　我一直很喜爱巴腾堡蛋糕中以黄色和粉红色海绵蛋糕所组成的漂亮方格。在传统的制作方法中其会以杏仁膏裹住蛋糕，然而不是每个人都喜爱杏仁膏。"裸版"的巴腾堡蛋糕是以杏仁奶油霜和烤杏仁来取代杏仁膏，当我端出这道蛋糕时，事实证明它非常受欢迎。巴腾堡蛋糕模由4个大小相同的方形组成，让你在切片时可以获得大小完全相同的方形，而且如果你经常制作巴腾堡蛋糕，这是值得购入的模具。若你没有巴腾堡蛋糕模，只需使用两个吐司烤模来烘烤2种不同颜色的蛋糕糊，然后再将每块蛋糕切成2个方形即可。很重要的是，模型的大小必须相同，最后才能形成4个大小相同的方形蛋糕。

香草酱或纯香草精1小匙
2个蛋的蛋糕糊配方1份（见P.9）
粉红食用色素
烤杏仁片100克（1¼杯），切碎

奶油霜
过筛糖粉115克（¾杯）
软化奶油1大匙
杏仁酱1大匙
牛乳适量（如有需要）

8×6寸的巴腾堡蛋糕模1个（或8×3寸的吐司烤模2个，涂油并铺上烤盘纸）

8人份

　　将烤箱预热至180℃。

　　将香草拌入蛋糕糊，并将混料均分至2个碗。在一个碗中加入几滴粉红食用色素，拌匀。将蛋糕糊倒入准备好的蛋糕模隔间中，如此便可烤成2个无色和2个粉红色的方形蛋糕（若使用的是吐司烤模，请在一个烤模中烘烤粉红蛋糕糊，另一个烘烤无色蛋糕糊）。烘烤20~25分钟，烤至用手按压，蛋糕会弹回，而且用刀子插入每块蛋糕的中心，刀子不会黏附面糊为止。让蛋糕在模型里完全冷却，然后小心地脱模。如有需要可修整蛋糕（例如其中一块蛋糕比其他蛋糕膨大），以形成4块大小相同的方形蛋糕。

　　制作奶油霜。将糖粉、奶油和杏仁酱搅打至形成顺滑浓稠的糖衣，若混料过于浓稠，可加入适量牛乳。

　　用刀将一些奶油霜抹在粉红方形蛋糕的顶端，然后摆上一块无色的方形蛋糕。剩下2块方形蛋糕也以同样方式进行，但这次请将无色蛋糕摆在底部。将其中一组蛋糕侧边抹上一些奶油霜，然后将2组蛋糕贴合在一起，让蛋糕最后呈现出粉红与无色的方形蛋糕在彼此的斜对角。在蛋糕边缘小心地抹上薄薄一层奶油霜，因为蛋糕很脆弱，所以请特别小心。将杏仁片摆在盘中，把蛋糕轻轻滚上杏仁，用手将杏仁按压在奶油霜上。将蛋糕用一层保鲜膜包起，置于冰箱中凝固2小时。将蛋糕的保鲜膜取下，摆在蛋糕盘上。

　　蛋糕最多可以密封容器保存2天。

布朗尼方塔裸蛋糕  *Naked brownie stack*

这些令人愉悦的布朗尼充满浓郁的巧克力香，在蛋糕架上高高叠起，再以干燥的莓果或花瓣装饰，看起来非常赏心悦目。

奶油 250 克（2¼ 条）

纯 / 苦甜巧克力 350 克，切碎

蛋 5 个

细砂糖 200 克（1 杯）

黑砂糖 200 克（1 杯）

中筋面粉 200 克（1.5 杯），过筛

白巧克力 200 克，切碎

玫瑰糖浆 1 大匙

装饰用

无糖可可粉，撒在表面

冷冻干燥覆盆子和草莓碎片或可食用
干燥花瓣

15×11 寸的烤模 1 个，涂油并铺上
烤盘纸

12 人份

将奶油和纯 / 苦甜巧克力放入耐热碗，接着隔水加热，碗底不可碰到微滚的热水。偶尔搅动，直到巧克力和奶油融化，形成光滑的酱汁。若时间不够，可用微波炉将奶油和巧克力以最大功率加热 40 秒，搅拌，然后再加热 20~30 秒，让奶油和巧克力都融化。将混料静置冷却。

将烤箱预热至 180℃。

在大的搅拌碗中搅打蛋和两种糖，直到混料变为浓稠的膏状，而且体积膨胀为两倍。倒入融化的巧克力混料中，并再次搅打。加入面粉、切碎的白巧克力和玫瑰糖浆，用刮刀轻轻拌匀。将混料盛至蛋糕模中，在预热好的烤箱中烘烤 30~35 分钟，直到表面结皮，但下方仍略为柔软。在模型中放至完全冷却，然后脱模并切分为 24 块方形蛋糕。

撒上可可粉，并用一些冷冻干燥覆盆子和草莓碎片或可食用干燥花瓣为布朗尼进行装饰。在蛋糕架或蛋糕盘上堆叠布朗尼。

布朗尼最多可以在密封容器中保存 5 天。

咸味蜂蜜蛋糕 *Salty honey cake*

这款蛋糕的灵感来自纽约布鲁克林区（也是我兄弟的住处）——"二十四只黑鸟烘焙坊"（Four & Twenty Blackbirds Bakery）中我最爱的甜品之一。我喜爱盐和蜂蜜的甜咸组合。以香草籽浸泡的香草盐，更增添了这款蛋糕的美妙。如果你想自行制作香草盐，请在广口瓶里装满海盐片和数根香草荚的香草籽（以及豆荚本身），轻轻摇动，让香草籽散开，然后静置数周后再使用。

可流动的蜂蜜 2 大匙

香草盐 1 撮

（或海盐加香草精 1 小匙）

5 个蛋的蛋糕糊配方 1 份（见 P.9）

盐味蜂蜜镜面

可流动的蜂蜜 2 大匙

奶油 50 克 /3.5 大匙

香草盐 1 撮（或海盐加香草精 1 小匙）

10.5 寸的环形邦特蛋糕模 1 个，涂油

10 人份

将烤箱预热至 180℃。

将蜂蜜和香草加入蛋糕糊中搅打，然后盛进邦特蛋糕模。在预热好的烤箱内烘烤 45~60 分钟，烤至蛋糕表面呈金棕色，用手按压，蛋糕会弹回，而且用刀子插入每块蛋糕的中心，刀子不会黏附面糊为止。在模型中放至完全冷却，然后轻轻地将蛋糕从模型中取出，可用刀划过中间环状的周围以利脱模。

制作镜面。在酱汁锅中以低温加热蜂蜜和奶油至奶油融化，然后加入香草盐并搅拌。将镜面淋至蛋糕顶端，将其凝固后再端上桌。

蛋糕最多可以在密封容器中保存 2 天。

乡村风情奶酪蛋糕塔
Rustic cheesecake tower

这款奶酪蛋糕朴素而简单,却以夏季莓果和野莓及其花朵堆砌出华丽感,所以也是很好的婚礼蛋糕选择之一。可依个人喜好为奶酪蛋糕的奶油霜调味,例如加入柑橘类水果皮或巧克力豆,抑或是朗姆酒浸葡萄。

基底材料
消化饼/全麦饼干 400 克
融化的奶油 200 克（$1\frac{3}{4}$ 条）

馅料
法式酸奶油/酸奶油 750 毫升（3 杯）
蛋 5 个
细砂糖 200 克（1 杯）
奶油奶酪 800 克（$1\frac{3}{4}$ 磅）
过筛的中筋面粉 3 大匙
香草荚 1 根

装饰用
新鲜莓果和符合食品安全、不含杀虫剂的草莓叶和花
糖粉

7 寸和 10.5 寸的圆形弹簧扣蛋糕模各 1 个,涂油并铺上烤盘纸

15 人份

将烤箱预热至 170℃。

用食物处理机将饼干打至细碎,或是放入洁净的塑料袋,用擀面棍压碎。倒入搅拌碗,将其和融化的奶油一起搅拌,然后放入蛋糕模底部,用匙背压实。用多层保鲜膜将底部和侧边包起,放入装满水的大型烤盘中,让模型一半的侧边露出。

制作馅料。将法式酸奶油/酸奶油、蛋、糖、奶油奶酪和面粉一起搅打。用利刀将香草荚剖开成两半,将两片豆荚的籽刮下,加入奶酪蛋糕的混料中,并搅打至香草籽均匀分布。

将混料倒入模型,将约 $\frac{2}{3}$ 的混料倒入大模型,$\frac{1}{3}$ 的混料倒入较小的模型。烘烤 $1\sim1\frac{1}{4}$ 小时,烤至蛋糕表面呈金棕色,但期间还需微微晃动。在模型中放凉,然后摆在冰箱里至少冷却 3 小时,但最好是静置一整晚。

食用时,将奶酪蛋糕脱模,然后将大的奶酪蛋糕摆在盘子上。再将小块的摆在大蛋糕的中央上方。用新鲜莓果和符合食品安全、不含杀虫剂的草莓叶和花装饰,撒上一些糖粉后端上桌。

蛋糕最多可以冷藏保存 3 天。

Vintage Elegance

优雅复古

彩旗蛋糕 *Bunting cake*

我不会羞于承认我喜爱彩旗。在我的家中，大多数房间都挂上了彩旗，因此这是我最爱的蛋糕之一！你可预先以装饰用小彩纸来制作彩旗，若想让蛋糕看起来格外特别，甚至可使用布料。你也可以将这款蛋糕制成更大型的多层婚礼蛋糕。

香草豆粉 $\frac{1}{2}$ 小匙或纯香草精 1 小匙

6 个蛋的蛋糕糊配方 1 份（见 P.9）

凝脂奶油 225 克〔或高脂鲜奶油 300 毫升（$1\frac{1}{4}$ 杯），打发至形成直立尖角〕

草莓果酱 4 大匙

糖粉，撒在表面

符合食品安全、不含杀虫剂的花（如康乃馨），装饰用

8 寸的圆形蛋糕模 3 个，涂油并铺上烤盘纸

竹签 2 根

针线 1 组

装饰用布或纸

胶带

12 人份

将烤箱预热至 180℃。

将香草精拌入蛋糕糊，并将混料均分至蛋糕模。在预热好的烤箱内烘烤 25~30 分钟，烤至蛋糕表面呈金棕色，用手按压，蛋糕会弹回，而且用刀子插入每块蛋糕的中心，刀子不会黏附面糊为止。让蛋糕在模中放凉几分钟，然后在网架上脱模，放至完全冷却。

制作彩旗。将彩色布料或纸张裁成小三角形，用针将它们穿至线上，让它们像彩旗一样悬挂起来。打个结，将线固定在竹签顶端。

在准备将蛋糕端上桌前，请将一块蛋糕摆在餐盘或蛋糕架上。先为蛋糕铺上其中一半的凝脂奶油，再抹上两大匙的果酱。叠上第 2 块蛋糕后，铺上剩余的凝脂奶油和果酱。最后叠上第 3 块蛋糕，再撒上糖粉。将竹签插在蛋糕顶端，将竹签向下压至稳固，让彩旗悬挂在蛋糕上方。将鲜花摆在蛋糕中央。花朵只作为装饰，应在切蛋糕时移除。千万不要食用装饰用花，除非你确定这么做绝对安全。

直接端上桌或是冷藏储存至准备享用的时刻。由于蛋糕含有鲜奶油，冷藏最多可保存 2 天，建议在制作当天食用完毕。

伯爵茶蛋糕 *Earl Grey tea cake*

散发着可口的佛手柑香气，很少有比一杯热腾腾的伯爵茶更能提神醒脑。这款蛋糕中的水果经过伯爵茶的浸泡，很适合在下午茶时刻搭配一杯喜爱的茶来享用。你也可以在蛋糕糊中加入干燥的蓝色矢车菊花瓣。

伯爵茶茶包 1 包
蜂蜜 1 大匙
苏丹娜／黄金葡萄干 300 克（满满 2 杯）
细砂糖 80 克（$\frac{1}{3}$ 杯）
蛋 2 个
柠檬 1 颗，刨成果皮
自发面粉 280 克（满满 2 杯），过筛
干燥的蓝色矢车菊花瓣 1 大匙（可选）
糖粉，撒在表面

9 寸的方形蛋糕模 1 个，涂油并铺上烤盘纸

8 人份

先浸泡水果。用 250 毫升（1 杯）的滚水冲泡碗中的茶包，并浸泡 2~3 分钟。取出茶包，加入蜂蜜和苏丹娜葡萄干，浸泡 2~3 小时，直到果干膨胀。将果干沥干，保留茶液，稍后将其加入蛋糕糊中。

将烤箱预热至 180℃。

将糖和蛋一起搅打至形成浓稠的乳霜状。拌入沥干的葡萄干、柠檬皮、面粉和花瓣（如果使用的话）。倒入事先预留的茶液，不停地搅拌。将混料盛至蛋糕模，烘烤 45~60 分钟，烤至蛋糕表面呈金棕色，而且用刀子插入蛋糕的中心，刀子不会黏附面糊为止。让蛋糕在模中放凉几分钟，然后在网架上脱模，放至完全冷却。当然你也可在蛋糕温热时端上桌。

端上桌时，只要撒上糖粉即可。若想做出漂亮的图案，请先将装饰垫摆在蛋糕上方，再撒上糖粉。

蛋糕在密封容器中最多可保存 3 天。

花园鼓形蛋糕
Flower garden timbale cakes

这些小蛋糕的制作非常简单，只需用香草调味，再撒上糖粉即可。当它们叠在蛋糕架上，摆上可食用花时，看起来十分优雅，而且还可以作为完美的婚礼蛋糕。你可依自己需要的蛋糕数量自行增减食谱分量，也可以在蛋糕糊中加入适量的柑橘类果皮或玫瑰花水来取代香草。若你没有 24 个杯型布丁模，也可分批烘烤蛋糕糊，并在烘烤每批蛋糕之间清洗模型，并为模型重新上油。

香草豆粉 1 小匙或纯香草精 2 小匙
6 个蛋的蛋糕糊配方 1 份（见 P.9）
糖粉，撒在表面
可食用花或糖霜花瓣，装饰用

杯型布丁模 24 个，涂油并铺上烤盘纸
装有大型圆口挤花嘴的挤花袋 1 个
（可选）

24 个

将烤箱预热至 180℃。

将香草拌入蛋糕糊。将混料盛进挤花袋，再将面糊挤在蛋糕模中。尽管挤花袋较简单且方便，但也可用小汤匙。让蛋糕在预热好的烤箱内烘烤 20~30 分钟，烤至蛋糕表面呈金棕色，用手按压，蛋糕会弹回。让蛋糕在模中放凉几分钟，然后用刀划过蛋糕边缘，在网架上脱模，放至完全冷却。

在每块蛋糕的顶端和侧边撒上大量糖粉，并在顶端摆上可食用的鲜花。最好在食用之前将所有的花移除，因为茎可能带有苦味，因此它们只作为装饰。千万不要食用装饰用花，除非你确定这么做绝对安全。也可改为可食用的糖霜花瓣。

蛋糕在密封容器中最多可保存 2 天。

马卡龙蛋糕 *Macaron cake*

这款以新鲜莓果作为内馅，并在顶端放上甜美马卡龙的漂亮蛋糕，即使摆在高级法式甜点专卖店的橱窗里也显得高贵雅致。

6 个蛋的蛋糕糊配方 1 份（见 P.9）
粉红食用色膏

马卡龙

杏仁粉 130 克（1 $\frac{1}{3}$ 杯）

糖粉 180 克（将近 1 杯）

蛋清 3 个

细砂糖 80 克（$\frac{1}{3}$ 杯加 1 大匙）

粉红食用色膏

馅料

凝脂奶油 450 克〔或高脂鲜奶油 600 毫升（2.5 杯），打发至形成直立尖角〕

草莓 300 克（3 杯），去蒂并切片

草莓酱 2 大匙

覆盆子 300 克（满满 2 杯）

覆盆子酱 2 大匙

糖粉，撒在表面

符合食品安全的新鲜叶片，如薄荷或月桂叶

装有大型圆口挤花嘴的挤花袋 1 个
烤盘 2 个，铺上硅胶烤盘垫
8 寸的圆形蛋糕模 3 个，涂油并铺上烤盘纸

12 人份

先制作马卡龙。将杏仁粉和糖粉放入食物处理机中打成细粉。将坚果粉过筛至碗中，将无法通过筛子的颗粒放入果汁机，搅碎后再过筛一次。

在干净的搅拌碗中将蛋清打发至形成直立尖角，然后继续搅打，加入细砂糖，一次加一匙，打至蛋白霜变得平滑有光泽。加入粉红食用色膏，然后加入坚果粉，一次加 $\frac{1}{3}$，用塑胶刮刀拌匀。搅拌后，颜色会变得均匀。将蛋白霜打至适当的质地是非常重要的，必须搅拌至蛋白霜正好够软，而不会形成直立尖角。将一些混料滴入盘中，若形成光滑平面，表示已经搅拌完成；若形成直立尖角，则必须再多搅拌一段时间；若搅拌过度，蛋白霜会过稀，马卡龙将无法维持形状。

将混料盛进挤花袋，在烤盘上挤出 1 $\frac{1}{4}$ 寸的圆形蛋白霜，每个蛋白霜之间必须有一定间距，因为烘烤时蛋白霜会向外扩张。让马卡龙在烤盘中静置 1 小时，让表面结皮。在这段时间，将烤箱预热至 160℃。

将马卡龙烘烤 20~30 分钟，直到蛋白霜变硬，然后在烤盘上放至完全冷却。将烤箱温度调高为 180℃。

将 $\frac{1}{3}$ 的蛋糕糊盛进蛋糕模。将剩余的蛋糕糊分装至 2 个碗，其中一份染成淡粉红色，另一份染成深粉红色，接着移至两个蛋糕模中。烘烤 25~30 分钟，烤至用手按压，蛋糕会弹回，而且用刀子插入每块蛋糕的中心，刀子不会黏附面糊为止。让蛋糕在模中放凉几分钟，然后在网架上脱模，放至完全冷却。

裁去蛋糕边缘，露出染色的海绵蛋糕。将深粉红色的蛋糕摆在餐盘上，铺上一层厚厚的凝脂奶油。摆上草莓，然后铺上草莓酱。接着叠上淡粉红色的蛋糕并铺上更多奶油，并放上更多覆盆子和覆盆子酱。最后叠上无色的蛋糕，撒上糖粉。

用两片马卡龙饼和一些奶油做成夹心，组合成 8~10 个马卡龙（将剩余的马卡龙饼保存在密封容器中，改天再食用）。用马卡龙、覆盆子和叶片装饰蛋糕。

直接端上桌或是冷藏储存至准备享用的时刻。由于蛋糕含有鲜奶油，冷藏最多可保存 2 天，建议在制作当天食用完毕。

水晶花园蛋糕
Crystallized flower yarden cake

这是我最爱的蛋糕之一，因为它的外形简单，且不失优雅。对我而言，它有一种浓浓的复古风情，即使是在维多利亚时代的下午茶会中享用也相当适合。可使用任何你喜欢的花朵和叶子进行装饰——三色堇、报春花、马鞭草的花和叶子，三色紫罗兰和薄荷叶都非常适合。

柳橙 1 颗，刨皮并现榨成果汁
5 个蛋的蛋糕糊配方 1 份（见 P.9）
凝脂奶油 225 克〔或高脂鲜奶油 300
毫升（1¼ 杯），打发至形成直立尖角〕
黑醋栗酱 2 大匙
糖粉，撒在表面
融化的白巧克力 40 克

糖花
蛋清 1 个
不含杀虫剂的可食用花，如三色紫罗
兰、三色堇、柠檬马鞭草的花（或可
食用叶片，如薄荷叶和柠檬马鞭草叶）
细砂糖，撒在表面

水彩笔 1 支
烤盘，铺上硅胶烤盘垫或烤盘纸
8 寸的圆形蛋糕模 2 个，涂油并铺上
烤盘纸

8 人份

先制作糖霜糖花，因为它们需风干一整夜。将蛋清打发至起很多泡沫。用水彩笔小心地将蛋清涂在花瓣和叶片两面，然后撒上细砂糖，让每片叶子或花裹上薄薄一层糖衣，最好是从花朵的上方撒下细砂糖。在下方摆一个盘子盛接多余的糖。所有的花瓣和叶片都以同样方式进行，一次撒一片，然后摆在准备好的烤盘上，置于温暖处风干一整夜。干燥后，将花瓣储存在密封容器中备用。

将烤箱预热至 180℃。

将柳橙皮和柳橙汁拌入蛋糕糊，并将混料均分至蛋糕模。在预热好的烤箱内烘烤 25~30 分钟，烤至蛋糕表面呈金棕色，用手按压，蛋糕会弹回，而且用刀子插入每块蛋糕的中心，刀子不会黏附面糊为止。让蛋糕在模中放凉几分钟，然后在网架上脱模，放至完全冷却。

在准备将蛋糕端上桌前，请先将一块蛋糕摆在蛋糕架上。为蛋糕铺上凝脂奶油和果酱。小心地用刀将果酱抹开。叠上第 2 块蛋糕，并撒上一层厚厚的糖粉。用糖霜花和叶片在蛋糕表面排出漂亮的花样，并用融化的白巧克力固定。

直接端上桌或是冷藏储存至准备享用的时刻。由于蛋糕含有鲜奶油，冷藏最多可保存 2 天，建议在制作当天食用完毕。

玫瑰紫罗兰蛋糕  Rose and violet cake

我永远记得和祖母一起吃的玫瑰紫罗兰奶油巧克力。这款巧克力是她的最爱，而随着我的年岁渐长，也成了我的最爱之一。这款蛋糕由玫瑰海绵蛋糕和紫罗兰甘纳许顶饰组成，并以最美丽的粉红色和紫色糖渍花朵装饰。它的味道非常浓郁，因此切成小片就可端上桌。

玫瑰花水 1 大匙
4 个蛋的蛋糕糊配方 1 份（见 P.9）
装饰用糖霜玫瑰与紫罗兰花瓣

紫罗兰甘纳许
蛋 2 个
高脂鲜奶油 375 毫升（1.5 杯）
牛乳 125 毫升（$\frac{1}{2}$ 杯）
纯／苦甜巧克力 300 克（可可含量至少 70%）
紫罗兰香甜酒 60 毫升（$\frac{1}{4}$ 杯）

9 寸的活底深蛋糕模 1 个，涂油并铺上烤盘纸

12 人份

将烤箱预热至 180℃。

将玫瑰花水拌入蛋糕糊，并将混料盛进蛋糕模。在预热好的烤箱内烘烤 25~30 分钟，烤至蛋糕表面呈金棕色，用手按压，蛋糕会弹回，而且用刀子插入每块蛋糕的中心，刀子不会黏附面糊为止。让蛋糕在模中放凉。

制作紫罗兰甘纳许。将蛋、鲜奶油和牛乳一起搅打。将巧克力分成小块，和鲜奶油混料及紫罗兰香甜酒一起放入酱汁锅。再以文火加热，不停搅拌，煮 4~5 分钟，直到巧克力融化，而且变得浓稠光滑。淋在蛋糕上，放入冰箱冷却一整夜，直到甘纳许凝固。若蛋糕模的封口不够紧，请用厨房铝箔纸将底部和侧边包起，以确保甘纳许不会从模型中漏出。

在准备要将蛋糕端上桌前，请用利刀划过蛋糕边缘，拆开模具的侧边。将蛋糕摆在餐盘上，撒上糖霜玫瑰和紫罗兰花瓣作为装饰。可用紫罗兰花瓣搭配小糖霜玫瑰花瓣在其中央排出漂亮的花样。

蛋糕最多可冷藏保存 3 天，但这些花瓣只能在上桌前使用。

夏季花环蛋糕
Summer flower ring cake

　　有时你只需要一个装饰性蛋糕模，就能制作出受人欢迎的裸蛋糕。若撒上糖粉，能让模型的花样呈现地更加美丽。

柠檬凝乳满满 1 大匙
柠檬 2 颗，刨碎果皮
5 个蛋的蛋糕糊配方 1 份（见 P.9）
柠檬 2 颗，现榨成果汁
糖粉 2 大匙

装饰用
糖粉，撒在表面
符合食品安全、不含杀虫剂的花，如菊花

10 寸的邦特蛋糕模 1 个，涂油

10 人份

　　将烤箱预热至 180℃。

　　用塑胶刮刀将柠檬凝乳和果皮拌入蛋糕糊，并将混合面糊盛进邦特蛋糕模。在预热好的烤箱内烘烤 40~50 分钟，烤至用手按压，蛋糕会弹回，而且用刀子插入每块蛋糕的中心，刀子不会黏附面糊为止。让蛋糕在模中放凉，接着用刀划过中间的圆环，小心地将蛋糕从模型边缘撬开。将餐盘紧紧地盖在模型上，然后将模型翻转过来，将蛋糕倒扣在餐盘上。

　　在酱汁锅中，用文火加热柠檬汁和糖粉，直到糖溶解，形成柠檬糖浆。盛放至蛋糕上。

　　为蛋糕撒上糖粉，并用花朵进行装饰，花朵应在切蛋糕时移除。千万不要食用装饰用花，除非你确定这么做绝对安全。

　　蛋糕在密封容器中最多可保存 3 天。

莱姆夏洛特蛋糕 *Lime charlotte cake*

绑上缎带，铺上芳香扑鼻的莱姆慕斯，再点缀上闪亮的莓果，构成了这款传统的夏洛特蛋糕美丽的摆饰。

莱姆 2 颗，刨碎果皮
2 个蛋的蛋糕糊配方 1 份（见 P.9）
手指饼干 200 克
草莓 300 克
糖粉，撒在表面

馅料
莱姆 3 颗，现榨成果汁
莱姆 1 颗，刨碎果皮
奶油奶酪 300 克（$1\frac{1}{3}$ 杯）
炼乳 200 克（将近 1 杯）

6.5 寸的活底深蛋糕模 1 个，涂油并铺上烤盘纸
漂亮的缎带 1 条

8 人份

将烤箱预热至 180℃。

将莱姆果皮拌入蛋糕糊，并盛进蛋糕模。在预热好的烤箱内烘烤 20~30 分钟，烤至蛋糕表面呈金棕色，用手按压，蛋糕会弹回，而且用刀子插入每块蛋糕的中心，刀子不会黏附面糊为止。让蛋糕在模中放凉。

制作馅料。将莱姆汁和莱姆皮、奶油奶酪及炼乳放入搅拌碗，一起搅打至形成浓缩的乳霜状。将慕斯盛至冷却的蛋糕顶端，然后放入冰箱冷却至少 3 小时，能冷藏一整夜更好，直到慕斯凝固。

在准备要将蛋糕端上桌前，请用刀划过模型边缘，并拆开模型侧边。移除模型底部和烤盘纸，将蛋糕摆在餐盘上。小心地将手指饼干按压在蛋糕侧边，手指饼干会因粘住慕斯而固定住。将手指饼干在蛋糕周围排成一圈后，用缎带绑住蛋糕，将手指饼干牢牢固定。

将大部分的草莓去蒂，但保留一小部分草莓的蒂以营造红绿色的对比。将草莓摆在夏洛特蛋糕顶端，保留蒂头的草莓就摆在最上面。撒上糖粉后端上桌。

蛋糕最多可冷藏保存 3 天，但只能在上桌前进行组装，因为手指饼干随着时间延长而软化。

迷你维多利亚多层蛋糕
Mini Victoria layer cakes

经典夹心蛋糕是我的最爱之一，而且我还真不知道有谁会拒绝一块维多利亚海绵蛋糕！这是迷你版蛋糕，在蛋糕上摆上优雅的玫瑰花蕾，同时加入鲜奶油和果酱。你可依个人喜好，用经典的奶油霜来取代鲜奶油，但我认为鲜奶油具有更清爽及较不甜腻的口感。这些玫瑰花蕾只作为装饰，不应食用。若你想采用可食用的装饰，请改成糖霜玫瑰花瓣。

香草精 1 小匙

2 个蛋的蛋糕糊配方 1 份（见 P.9）

高脂鲜奶油 300 毫升（ 1 ¼ 杯）

覆盆子酱 4 大匙

糖粉，撒在表面

符合食品安全、不含杀虫剂的迷你玫瑰花蕾 8 朵

2.5 寸的中空圆形蛋糕模 8 个，涂油并摆在涂油的烤盘中

装有大型圆口挤花嘴的挤花袋 2 个

8 个

将烤箱预热至 180℃。

将香草拌入蛋糕糊，将混料均分至 8 个蛋糕模。你可用汤匙盛面糊，或是装入挤花袋，方便挤出。在预热好的烤箱内烘烤 15~20 分钟，烤至蛋糕表面呈金棕色，而且用手按压，蛋糕会弹回。让蛋糕在模中放凉几分钟，然后用利刀划过每个圆形蛋糕模内部的边缘。将蛋糕摆在网架上，放至完全冷却。

在准备要将蛋糕端上桌前，用打蛋器将鲜奶油打发至形成直立尖角。将鲜奶油盛进挤花袋。用大型锯齿刀将每块蛋糕横切成三份。盛一些果酱至每块底层蛋糕上，接着挤上漩涡状的鲜奶油。盖上中间层蛋糕，再铺上一些果酱并挤上鲜奶油。最后叠上顶端的蛋糕，并撒上糖粉。在每块蛋糕顶端的中央挤出一些鲜奶油，将一朵玫瑰固定在上面。花朵只作为装饰，应在切蛋糕时移除。千万不要食用装饰用花，除非你确定这么做绝对安全。

直接端上桌或是冷藏储存至准备享用的时刻。由于蛋糕含有鲜奶油，冷藏最多可保存 2 天，建议在制作当天食用完毕。

果园丰收海绵蛋糕
Orchard harvest sponge cake

　　这是一款成分简单，但味道可口的蛋糕，仅以新鲜水果和鲜奶油制成，而且让我想起果园的收获季节。每一层蛋糕都铺上珍珠糖，增添清脆口感。可任意使用你所选择的水果，只要确保它们漂亮、成熟——我用了杏、油桃和李子，苹果、梨和樱桃也非常适合。

香草盐 1 撮（或纯香草精 1 小匙加盐 1 撮）

6 个蛋的蛋糕糊配方 1 份（见 P.9）

杏 4 颗

李子 5 颗

油桃 2 颗

珍珠糖 2 大匙，撒在表面

馅料

含果肉杏酱或一般杏酱 4 大匙

高脂鲜奶油 300 毫升（$1\frac{1}{4}$ 杯）

李子或西洋李子酱 2 大匙

8 寸的圆形蛋糕模 3 个，涂油并铺上烤盘纸

12 人份

将烤箱预热至 180℃。

将香草盐拌入蛋糕糊，将混料均分至 3 个蛋糕模。

将杏和李子切半并去核。将杏的切面朝下，摆在一个蛋糕模的蛋糕糊表面，接着另一个蛋糕模中也以同样方式摆放杏。将油桃去核，切成厚片。在最后一个蛋糕模中，用油桃片在蛋糕糊表面排成圆圈状。为每个蛋糕撒上珍珠糖。在预热好的烤箱内烘烤 30~40 分钟，烤至蛋糕表面呈金棕色，用手按压，蛋糕会弹回，而且水果已经软化。让蛋糕在模中放凉，因为水果的缘故，蛋糕在温热时还很脆弱。

在准备将蛋糕端上桌前，在酱汁锅中将两大匙杏桃酱加热至融化。将鲜奶油打发至形成直立尖角。选择最漂亮的蛋糕作为顶层。将另一块蛋糕摆在餐盘上，并刷上一些温热的杏酱以提升光泽。将其中一半的鲜奶油盛至蛋糕上并抹开，接着在鲜奶油上放上李子酱。盖上第 2 块蛋糕，再刷上温热的杏酱以增加光泽。铺上剩余的鲜奶油，并放上未加热的杏酱。放上最后一块蛋糕，并刷上剩余温热的杏酱镜面。

直接端上桌或是冷藏储存至准备享用的时刻。由于蛋糕含有鲜奶油，最多可冷藏保存 2 天，建议在制作当天食用完毕。

Rustic Style

乡村风情

香梨蛋糕 *Spiced pear cake*

这是一款外形简约，却很美味的蛋糕——有芳香的香料，并在细致柔软的炖梨中加入肉桂巧克力，让人忍不住一口接一口地吃。梨本身就是一种优雅的装饰，并以可口的太妃酱作为镜面。

肉桂粉 1 小匙

姜粉 1 小匙

香料粉 / 苹果派香料 1 小匙

香草豆粉 $\frac{1}{2}$ 小匙或纯香草精 1 小匙

肉豆蔻粉 $\frac{1}{4}$ 小匙

5 个蛋的蛋糕糊配方 1 份（见 P.9）

纯 / 苦甜肉桂巧克力或纯 / 苦甜巧克力 9 块

梨

熟梨 9 个

蜂蜜 2 大匙

马德拉酒或甜雪莉酒 80 毫升（$\frac{1}{3}$ 杯）

柠檬 1 个，现榨成果汁

焦糖镜面

细砂糖 100 克（$\frac{1}{2}$ 杯）

奶油 50 克（3.5 大匙）

高脂鲜奶油 200 毫升（$\frac{3}{4}$ 杯）

10 寸的方形蛋糕模 1 个，涂油并铺上烤盘纸

挖球器

10 人份

先炖梨。将梨削皮，也可保留细条状的果皮做为装饰花样。在酱汁锅中放入梨、蜂蜜、马德拉酒、柠檬汁和足够的水，并没过梨。以中火炖约 15~20 分钟，炖煮至梨变软。将梨沥干并放入一碗冷水中，直到梨冷却至可以用手拿取。用挖球器从每颗梨的底部朝果核处方向挖球，保持蒂头的完整。

将烤箱预热至 180℃。

将肉桂粉、姜粉、香料粉 / 苹果派香料、香草和肉豆蔻拌入蛋糕糊，并盛进蛋糕模。在每个梨的洞中放入一块巧克力，然后将梨摆进蛋糕模的蛋糕糊中，让梨均匀地分散开来。烘烤 30 分钟，然后将温度调低至 150℃，再烤 30~45 分钟，直到用手按压，蛋糕会弹回，而且用刀子插入每块蛋糕的中心，刀子不会黏附面糊为止。让蛋糕在模中放至完全冷却。

制作焦糖镜面。在酱汁锅中以小火加热糖和奶油，直到糖开始焦糖化。离火后，加入鲜奶油搅打，请当心焦糖可能会溅出。继续加热，搅打至形成金黄色的焦糖酱。

将蛋糕摆在餐盘上，用糕点刷在表面刷上焦糖酱。在侧边也可以刷上酱汁。

蛋糕在密封容器中最多可保存 3 天。

巴西坚果香蕉焦糖蛋糕
Banana Brazil nut caramel cakes

如果你喜欢香蕉，那么这些迷你蛋糕将是难得的享受。蛋糕糊中含有大量的香蕉泥和巴西坚果碎屑，然后在蛋糕表面铺上焦糖巴西坚果和黏稠的太妃酱。让人宛如置身天堂！

熟香蕉 1 根
莱姆 1 颗，现榨成果汁
黑砂糖 115 克（½ 杯）
软化的奶油 115 克（1 条）
蛋 2 个
自发面粉 115 克（¾ 杯），过筛
巴西坚果 80 克（⅔ 杯）
磨碎盐 1 撮

焦糖糖衣
奶油 50 克（3.5 大匙）
高脂鲜奶油 75 克（⅓ 杯）
糖粉 60 克（½ 杯），过筛

装饰
细砂糖 100 克（½ 杯）
整颗的巴西坚果 6 颗

迷你皮力欧许模 6 个，涂油并摆在烤盘上
硅胶烤盘垫或涂油的烤盘 1 个

9 个

将烤箱预热至 180℃。

用叉子搅拌香蕉和莱姆汁，直至形成顺滑的果泥。将香蕉泥、黑砂糖和奶油放入大型搅拌碗，打至松发泛白。加蛋搅打，一次一个，每加入一个就加以搅打。用塑胶刮刀轻轻拌入面粉、巴西坚果和盐。将混料均分至迷你皮力欧许模中，在预热好的烤箱内烘烤 15~20 分钟，烤至蛋糕表面呈金棕色，而且用手按压，蛋糕会弹回。让蛋糕在模中放凉几分钟，然后用刀小心地划过模型内缘，让蛋糕与模型松脱。

制作装饰，在酱汁锅中以小火将糖加热至融化。煮糖时请勿搅拌，但请转动酱汁锅，以确保糖不被烧焦。请用钳子将巴西坚果浸入焦糖中，因糖非常烫，所以请务必小心。将焦糖坚果摆在硅胶烤盘垫或预备的烤盘上凝固。

在锅中加入奶油，将其和剩余的焦糖一起加热至融化。加入鲜奶油，搅打至所有的糖块都完全溶解并形成顺滑的焦糖。加入糖粉一起搅拌，让糖衣变得浓稠。若有结块，请用筛子过滤糖衣。将糖衣淋在蛋糕上，下方垫一张铝箔纸盛接滴落的糖衣。在每一块蛋糕顶端摆上一整颗的巴西坚果。

蛋糕在密封容器中最多可保存 3 天，建议在制作当天食用完毕。

夏洛特皇家蛋糕  *Charlotte royale*

这款蛋糕的"裸感"十足，因为蛋糕本身就是一种装饰。依你使用的蛋糕模或碗的大小确定实际要用到的慕斯和蛋糕的分量。

蛋 8 个

细砂糖 230 克（1 杯加 2 大匙），
再外加撒在表面的用量

香草盐 1 撮（或海盐 1 撮加纯香草精 1 小匙）

自发面粉 230 克（1¾ 杯），过筛

草莓或杏酱 8 大匙

草莓慕斯

草莓 600 克

细砂糖 200 克（1 杯）

香草荚 1 根，剖开成两半，并将籽刮出

吉利丁粉 2 大匙

高脂鲜奶油 1 升（4 杯）

16×11 寸的瑞士卷模 2 个，涂油并铺上烤盘纸

10.5 寸蛋糕模或 4 寸深的大碗 1 个

装有大型星形挤花嘴的挤花袋 1 个

20 人份

将烤箱预热至 200℃。

在大型搅拌碗中将蛋和糖一起搅打成浓稠的乳霜状。加入香草盐和面粉，用塑胶刮刀以非常轻的力拌匀，尽可能地确保拌入越来越多的空气。将混料分装至瑞士卷模，每个模型烤 10~12 分钟，直到海绵蛋糕变为金黄色，而且在按压时感到结实。

将每个蛋糕倒扣在一张撒上糖的烤盘纸上。移除原本垫海绵蛋糕的纸，让蛋糕冷却几分钟，接着为每块海绵蛋糕抹上果酱。将每块海绵蛋糕从长的一边卷起，紧紧卷成螺旋状，并放至完全冷却，然后再用撒上糖的纸包起。冷却后，用保鲜膜将蛋糕连同纸一起包起至需要使用的时刻。

制作慕斯。保留一把草莓作为蛋糕摆盘用，将剩余的草莓去蒂并切片。将切片草莓、糖、香草荚、香草籽和 200 毫升（¾ 杯）水一起放入酱汁锅中，以小火炖 5 分钟，或是煮至水果变得非常软。移除并丢弃香草荚，并将水果和汤汁一起过筛，一边用汤匙匙背按压水果。将留在筛网中的果肉丢弃。将吉利丁粉撒在温热的草莓汤汁中，搅打至粉末溶解，然后放凉。过筛混料，以确保去除未溶解的吉利丁粉。将鲜奶油打发至形成直立尖角，再和冷却的草莓糖浆一起搅打。

为蛋糕模铺上 3 层保鲜膜，确保保鲜膜之间没有空隙，并让部分的保鲜膜垂在模型侧边，以便在慕斯凝固时方便将蛋糕取出。将瑞士卷切成 ½ ~ ¾ 寸宽的片状。在模型底部和侧边铺上 2~3 片的瑞士卷，请紧密地排在一起，让它们彼此靠拢，而且没有缝隙。可用按压的方式让蛋糕片固定，或是再加入小片的蛋糕卷以填补空隙。

将慕斯倒入碗中，冷藏凝固几小时，或是直到慕斯开始变得浓稠。将剩余的切片蛋糕卷铺在慕斯表面，确保两者之间没有空隙。用一层保鲜膜覆盖碗口，冷藏一整夜，让慕斯完全凝固。

端上桌之前，请将顶层的保鲜膜移除。将一个大型餐盘摆在碗的上方，然后紧抓着碗和盘子，翻转蛋糕，让蛋糕从碗中脱落，掉入盘中。小心地取下保鲜膜，立刻连同预留的草莓一起端上桌。

漂亮鸟蛋糕 *Pretty bird cake*

只需要一个别致的焦点装饰，就能让蛋糕惊艳全场。这是一款造型极简的巧克力蛋糕，再加上一只美丽小鸟的亮丽衬托。也可使用符合季节性的其他乡村装饰品。

软化的奶油 225 克（2 条）

细砂糖 225 克（满满 1 杯）

蛋 4 个

自发面粉 200 克（1.5 杯），过筛

无糖可可粉 60 克（$\frac{1}{2}$ 杯），过筛

原味酸奶 2 大匙

盐 1 撮

馅料

糖粉 250 克（$1\frac{3}{4}$ 杯），过筛

无糖可可粉 2 大匙，过筛

软化的奶油 1 大匙

奶油奶酪 1 大匙

牛乳少许（如有需要）

甘纳许

高脂鲜奶油 100 毫升（$\frac{1}{3}$ 杯）

纯 / 苦甜巧克力 100 克，破碎成小块

奶油 1 大匙

金黄糖浆 / 浅色玉米糖浆 1 大匙

8 寸的圆形蛋糕模 2 个，涂油并铺上烤盘纸

装饰鸟 1 只

8 人份

将烤箱预热至 180℃。

制作海绵蛋糕。以手持式电动搅拌棒将奶油和糖打至松发泛白，加入蛋后再次搅打。用塑胶刮刀拌入面粉、可可粉、酸奶和盐，直至所有材料充分混合。将混料均分至 2 个蛋糕模，在预热好的烤箱内烘烤 25~30 分钟，烤至用手按压，蛋糕会弹回，而且用刀子插入每块蛋糕的中心，刀子不会黏附面糊为止。让蛋糕在模中放凉几分钟，然后在网架上脱模，放至完全冷却。

制作馅料。将糖粉、可可粉、奶油和奶油奶酪一起搅打至形成顺滑浓稠的糖衣，若混合物过于浓稠，可加入牛乳。

以隔水加热的方式制作甘纳许，在耐热碗中放入鲜奶油、巧克力、奶油和糖浆，碗底绝对不可碰到微滚的热水。加热至巧克力融化，然后将所有材料搅打至形成顺滑有光泽的酱汁。

将一块蛋糕摆在餐盘上，并用抹刀或金属刮刀铺上一层厚厚的奶油霜馅料。摆上第二块蛋糕，再铺上一层厚厚的甘纳许。

蛋糕在密封容器中最多可保存 2 天，建议在制作当天食用完毕。

鲜莓酸奶邦特蛋糕
Yogurt Bundt cake with fresh berries

　　这款蛋糕的外形相当简约，虽只是普通的传统香草蛋糕，但只要使用装饰性的邦特蛋糕模，再撒上糖粉，就能让这道蛋糕充满活力。制作时，在蛋糕糊中添加了酸奶，能让蛋糕变得更加可口且湿润。为每块端上桌的切片蛋糕摆上莓果，并在侧边加上打发鲜奶油，这款蛋糕就是极简的代表。

希腊／美国脱乳清原味酸奶200克（将近1杯）

香草豆粉 1/2 小匙或纯香草精 1 小匙

5 个蛋的蛋糕糊配方 1 份（见 P.9）

糖粉，撒在表面

新鲜莓果与水果，装饰用

高脂鲜奶油（打发至形成直立尖角）或法式酸奶油，装饰用

10 寸的邦特蛋糕模 1 个，涂油

10 人份

将烤箱预热至 180℃。

用塑胶刮刀将酸奶和香草拌入蛋糕糊，并盛进邦特蛋糕模中。在预热好的烤箱内烘烤 40~50 分钟，烤至用手按压，蛋糕会弹回，而且用刀子插入每块蛋糕的中心，刀子不会黏附面糊为止。冷却后进行脱模，用刀沿着模型边缘划过，让蛋糕松脱，然后倒扣在蛋糕架或餐盘上。

将蛋糕摆在蛋糕架上，并撒上大量的糖粉。在蛋糕中央摆满新鲜莓果和水果，并搭配几匙打发鲜奶油。

蛋糕在密封容器中最多可保存 2 天，上桌前再以水果进行装饰。

镜面杏蛋糕

在杏成熟且当季时，很少有比这道更为可口的蛋糕。在表面铺上镜面炖杏，并以马德拉酒所烤的烤杏作为馅料，这款蛋糕展现出十足的夏日风情。

香草粉 $\frac{1}{2}$ 小匙或纯香草精 1 小匙

4 个蛋的蛋糕糊配方 1 份（见 P.9）

杏酱 1 大匙

亮光胶或杏镜面 2 大匙

高脂鲜奶油 300 毫升（$1\frac{1}{4}$ 杯）

符合食品安全、不含杀虫剂的花，如葛拉汉汤玛士玫瑰，装饰用

炖杏

杏 750 克

细砂糖 150 克（$\frac{3}{4}$ 杯）

马德拉酒 250 毫升（1 杯）

奶油 50 克（3.5 大匙）

8 寸的圆形蛋糕模 2 个，涂油并铺上烤盘纸

10 人份

先准备杏。将其中一半的杏整颗放入酱汁锅中，并加入 1 升（4 杯）的水、100 克（$\frac{1}{2}$ 杯）的糖和 125 毫升（$\frac{1}{2}$ 杯）的马德拉酒。以小火炖约 5 分钟，直到水果正好软化。将水果沥干并放凉。

将烤箱预热至 180℃。

将剩余的杏切半并去核，放入烤盘，淋上剩下的马德拉酒，撒上剩余的糖，并用奶油点缀其中。在预热好的烤箱内烘烤约 20 分钟，直到水果软化，而且果汁形成糖浆状。摆在一旁放凉。烤箱不要熄火，用来烤蛋糕。

将香草拌入蛋糕糊中，将混料均分至两个蛋糕模。烘烤 25~30 分钟，烤至蛋糕表面呈金棕色，用手按压，蛋糕会弹回，而且用刀子插入每块蛋糕的中心，刀子不会黏附面糊为止。让蛋糕在模中放凉几分钟，然后在网架上脱模，放至完全冷却。

准备将蛋糕端上桌前，在顶层蛋糕上刷上杏酱。可避免炖杏摆在蛋糕顶端时，变得过湿。将炖杏切半，去核后，在蛋糕顶端排成装饰性花样。依包装说明制作亮光胶，并加入一大匙的杏烤汁，为其调味。小心地淋在杏蛋糕上，让亮光胶凝固（若你使用的是杏镜面，而非亮光胶，请在酱汁锅中加入一大匙的炖煮杏汁，用小火加热，再用糕点刷刷在杏表面）。

预留 $\frac{2}{3}$ 的烤杏，并将剩余 $\frac{1}{3}$ 的烤杏和烤汁一起放入食物处理机中打成泥。将鲜奶油放入大碗中，打发至形成直立尖角。搅入杏泥，并形成涟漪状的花纹。在另一块蛋糕上，将杏奶油酱抹开呈漩涡状，并摆上预留的烤杏。叠上装饰好的镜面蛋糕。若你喜欢，也可用花朵装饰，但请在切蛋糕时移除。千万不要食用装饰用花，除非你确定这么做绝对安全。

直接端上桌或是冷藏储存至准备享用的时刻。由于蛋糕含有鲜奶油，冷藏最多可保存 2 天，建议在制作当天食用完毕。

胡萝卜方块蛋糕
Naked carrot cake squares

仅以肉桂糖渍胡萝卜做简单装饰，这款胡萝卜蛋糕简约又美味，将是下午茶会中最受欢迎的蛋糕之一。

植物油 200 毫升（¾ 杯）

蛋 3 个

细砂糖 250 克（1¼ 杯）

黑砂糖 70 克（⅓ 杯）

酸奶油 150 毫升（⅔ 杯）

自发面粉 250 克（1¾ 杯），过筛

杏仁粉 100 克（1 杯）

肉桂粉 1 小匙

姜粉 1 小匙

香草豆粉 ½ 小匙

香料粉 / 苹果派香料
1 小匙

肉豆蔻粉 1 撮

长软甜味椰丝 200 克（将近 3 杯）

切碎的烤榛果 60 克（½ 杯）

胡萝卜 300 克，刨碎

柳橙汁 100 毫升（⅓ 杯）

柠檬 1 个，刨碎果皮

肉桂糖渍胡萝卜

胡萝卜 3 根

细砂糖 100 克（½ 杯），
再外加装饰用量

柠檬 1 个，现榨成果汁

肉桂棒 ½ 根

纯香草精 1 小匙

胡萝卜叶 1 片，装饰用

糖霜

奶油奶酪 1 大匙

糖粉 300 克（满满 2 杯），
过筛

软化的奶油 1 大匙

肉桂粉 ½ 小匙

柠檬 1 个，现榨成果汁

12×8 寸的蛋糕模 1 个，
涂油并铺上烤盘纸

烤盘 1 个，铺上硅胶烤
盘垫或涂油

24 个

肉桂糖渍胡萝卜。将胡萝卜削皮，然后用利刀将胡萝卜切成看起来像胡萝卜的小三角形。在酱汁锅中放入 400 毫升（1⅔ 杯）的水，并加入糖、柠檬汁、肉桂棒和香草，将糖浆煮沸，让糖溶解。加入胡萝卜，以小火炖糖浆 2~3 分钟，直到胡萝卜刚好软化。将胡萝卜铺在烤盘纸上，撒上一层薄薄的糖，并置于温暖处，风干一整夜。

将烤箱预热至 150℃。

制作蛋糕。在大型搅拌碗中同时搅打植物油、蛋、细砂糖、黑砂糖和酸奶油。将其过筛至面粉和杏仁粉中，并加入肉桂、姜、香草、香料粉 / 苹果派香料和肉豆蔻粉，将所有材料搅拌均匀。拌入椰丝和榛果。在另一个碗放入刨碎的胡萝卜，并倒入柳橙汁，搅拌均匀，让所有的胡萝卜都黏附柳橙汁。将胡萝卜、柳橙汁和柠檬皮拌入蛋糕糊中。将混料倒入蛋糕模，并在预热好的烤箱内烘烤 1.25~1.5 分钟，烤至蛋糕摸起来结实，表面呈金棕色，而且用刀子插入每块蛋糕的中心，刀子不会黏附面糊为止。让蛋糕在模中放凉。

制作糖霜。将奶油奶酪、糖粉、奶油、肉桂和柠檬汁一起打至形成顺滑浓稠的糖衣。你可能不需要用所有的柠檬汁，因此请逐步加入。用抹刀或金属刮刀将糖霜抹在蛋糕上。将蛋糕切成 24 个方形小蛋糕，并在每块小蛋糕上摆上一些糖渍胡萝卜和一小片胡萝卜叶。

蛋糕在密封容器中最多可保存 3 天，建议上桌前再以胡萝卜进行装饰。

无麸质香草姜味蛋糕
Gluten-free ginger and vanilla cake

这款蛋糕本身不含麸质，却不能保证适合每个人食用，这与他们是否对麸质过敏无关。以细致的打发姜味鲜奶油作为夹心，再摆上漂亮的甘菊花或雏菊，就是一款简单的夏日蛋糕。最重要的是要使用无麸质的糖粉，因为有些抗结剂含有麸质的成分。

细砂糖 225 克（满满 1 杯）

软化的奶油 225 克（2 条）

蛋 4 个

杏仁粉 140 克（$1\frac{1}{3}$ 杯）

无麸质自发面粉 115 克或无麸质中筋面粉满满 $\frac{3}{4}$ 杯外加无麸质泡打粉 1 小匙和玉米糖胶 $\frac{1}{2}$ 小匙，过筛

姜粉 1 小匙

香草豆粉 $\frac{1}{2}$ 小匙或纯香草精 1 小匙

盐 1 撮

酪乳 2 大匙

以糖浆浸渍的糖渍蜜姜 4 块，切成细碎，再加浸渍糖浆 1 大匙

糖粉，撒在表面

不含杀虫剂的可食用甘菊花或雏菊，装饰用

馅料

高脂鲜奶油 250 毫升（1 杯）

姜糖浆 2 大匙

8 寸的圆形蛋糕模 2 个，涂油并铺上烤盘纸

10 人份

将烤箱预热至 180℃。

制作蛋糕。将糖和奶油搅打至松发泛白。一次打一个蛋，每加入一个蛋就加以搅打。加入杏仁粉、面粉、姜粉、香草和盐，搅拌均匀。拌入酪乳、切碎的姜和姜糖浆，然后将混料均分至蛋糕模中。在预热好的烤箱内烘烤 30~40 分钟，烤至蛋糕表面呈金棕色，用手按压，蛋糕会弹回，而且用刀子插入每块蛋糕的中心，刀子不会黏附面糊为止。让蛋糕在模中放凉几分钟，然后在网架上脱模，放至完全冷却。

准备将蛋糕端上桌前，将鲜奶油和姜糖浆放入搅拌碗中，打发至形成直立尖角。将第一块蛋糕摆在餐盘上，抹上几大匙的奶油酱。放上第二块蛋糕，撒上糖粉。将甘菊花或雏菊摆在蛋糕顶端，并立刻端上桌。尽管这些花是可食用花，但建议只作为装饰用，因为它们可能带有苦味。千万不要食用装饰用花，除非你确定这么做绝对安全。

直接端上桌或是冷藏储存至准备享用的时刻。由于蛋糕含有鲜奶油，冷藏最多可保存 2 天，建议在制作当天食用完毕。端上桌前再以鲜花装饰，以呈现出最美丽的效果。

橙香白巧克力圆顶蛋糕
Orange and white chocolate dome cakes

这些漂亮的小圆顶蛋糕看起来就像是一座座火山。装了满满的橙子皮，并以白巧克力和经典的巧克力橙皮进行装饰。如果你偏好柠檬，可以在蛋糕糊中加入柠檬皮，使用 4 个柠檬所榨的柠檬汁来制作糖浆，并在顶端摆上巧克力柠檬皮，吃起来也同样可口。

橙子 2 个，刨碎果皮
香草精 1 小匙
4 个蛋的蛋糕糊配方 1 份（见 P.9）

糖浆
橙子 3 个，现榨成果汁
糖粉 2 大匙，过筛

装饰
白巧克力 100 克
巧克力橙皮条 18 条

6 孔的半球型巧克力硅胶模或硅胶马芬蛋糕模 3 个

18 个

将烤箱预热至 180℃。

将橙子皮和香草拌入蛋糕糊，分装至模型的孔洞中。如果你只有一个半球型硅胶模，请分批烘烤，并在每次使用后将模型清洗干净。在预热好的烤箱内烘烤 20~ 25 分钟，烤至蛋糕表面呈金棕色，而且用手按压，蛋糕会弹回。将蛋糕从模型中压出，并置于网架上放凉。放凉时，请将平面朝下摆在网架上，让蛋糕看起来像圆顶状。

制作糖浆。在酱汁锅中加热橙汁和糖粉，煮沸。离火后用大汤匙将糖浆淋在蛋糕顶端。建议在网架下方垫一张铝箔纸，以盛接滴落的糖浆。

制作装饰。以隔水加热的方式，在耐热碗中放入巧克力，碗底绝对不可碰到微滚的热水。加热至巧克力融化，然后打至顺滑。放凉。

用小汤匙将巧克力淋在每块蛋糕顶端。将一条巧克力橙皮摆在每块蛋糕中央，然后让巧克力凝固。

蛋糕在密封容器中最多可保存 2 天，建议在制作当天食用完毕。

Dramatic effect

戏剧效果

巧克力樱桃杏仁蛋糕
Cherry and almond cakes with chocolate

我特别喜爱巧克力和樱桃的组合——味道浓郁且令人食欲大增。这款蛋糕和当季的樱桃是完美的搭配，但如果你无法取得新鲜的樱桃，也可改用糖渍樱桃。

软化的奶油 340 克（3 条）

细砂糖 340 克（1¾ 杯）

蛋 6 个

杏仁粉 225 克（2¼ 杯）

自发面粉 140 克（满满 1 杯），过筛

杏仁精 1 小匙

杏仁片 50 克（⅔ 杯）

巧克力糖衣

融化的纯 / 苦甜巧克力 100 克

翻糖 / 糖粉 250 克（1¾ 杯），过筛

金黄糖浆 / 浅色玉米糖浆 2 大匙

水 1~2 大匙（可选）

装饰用

新鲜樱桃约 20 颗

融化的白巧克力 50 克

15×11 寸的长方形蛋糕模 1 个，涂油并铺上烤盘纸

3 寸的圆形切割器 1 个（可选）

约20个

将烤箱预热至 180℃。

制作蛋糕。在大型搅拌盆中将奶油和糖搅拌成糊状。加蛋，一次加一个，每加一个就加以搅打。加入杏仁粉、面粉和杏仁精，用橡皮刮刀轻轻拌匀。将混料盛至蛋糕模，并撒上杏仁片。在预热好的烤箱内烘烤 25~30 分钟，烤至蛋糕表面呈金棕色，用手按压，蛋糕会弹回，而且用刀子插入每块蛋糕的中心，刀子不会黏附面糊为止。让蛋糕在模中放凉几分钟，然后脱模，将其用切割器裁切成约 20 个圆形蛋糕。

制作糖衣。在酱汁锅中以小火加热巧克力、翻糖 / 糖粉和糖浆，一起搅打，若混料过稠，请加入 1~2 大匙的水。在每块蛋糕上淋上一些糖衣，且让糖衣稍微滴落侧边。

将樱桃半浸入融化的白巧克力中，然后摆在蛋糕顶端。待糖衣和巧克力凝固后再端上桌。

蛋糕在密封容器中最多可保存 3 天。

棋盘蛋糕 *Chequerboard cake*

为追求最佳效果，你需要使用棋盘蛋糕模来制作这道蛋糕，因为这种模型可将每份蛋糕糊装在适当大小的环状模中，可确保呈现出完美的格子图案效果。若你没有棋盘蛋糕模型，可将交错环状模的蛋糕糊挤在 3 个蛋糕模中，便可呈现出类似的效果，但需留意用来装面糊的环状模型必须大小相同，这样在堆叠时才能形成棋盘的花样。

6 个蛋的蛋糕糊配方 1 份（见 P.9）
无糖可可粉 60 克（将近 $\frac{2}{3}$ 杯），过筛
香草盐 1 撮（或海盐 1 撮加纯香草精 1 小匙）
融化的白巧克力 100 克，放凉
樱桃酱 4 大匙

糖衣
糖粉 250 克（$1\frac{3}{4}$ 杯），过筛，外加撒在表面用量
软化的奶油 50 克（3.5 大匙）
融化的白巧克力 60 克，放凉
牛乳 1 大匙（如有需要）

8 寸的棋盘蛋糕模组（具分割圈）3 个，涂油并铺上烤盘纸
装有大型圆口挤花嘴的挤花袋 2 个

20 人份

将烤箱预热至 180℃。

将蛋糕糊分成两份，在其中一个碗中放入略多的面糊（有 5 个环形黑巧克力蛋糕和 4 个环形白巧克力蛋糕）。将可可粉和适量香草盐拌入面糊略多的碗中。将融化的白巧克力和稍多的香草盐拌入较小份的面糊里。将每份面糊盛进挤花袋。使用装有分割圈的棋盘蛋糕模，轮流将不同颜色的面糊挤入蛋糕模。将分割圈移除，并立即将每个棋盘蛋糕模型轻敲工作台，让蛋糕糊之间没有空隙。烘烤 25~30 分钟，烤至用手按压，蛋糕会弹回，而且用刀子插入每块蛋糕的中心，刀子不会黏附面糊为止。让蛋糕在模中放凉几分钟，然后在网架上脱模，放至完全冷却。

制作糖霜。将糖粉、奶油和冷却的融化白巧克力一起搅打至形成顺滑浓稠的糖衣，若混料过稠，请加入少许牛乳。

将外圈为黑巧克力的一块蛋糕摆在餐盘上，铺上一半的奶油霜，然后是一半的果酱。叠上外圈为白巧克力的蛋糕，铺上剩余的奶油霜和果酱，最后再叠上剩下的蛋糕，撒上糖粉后端上桌。

蛋糕在密封容器中最多可保存 2 天。

西番莲巧克力多层蛋糕
Passion fruit and chocolate layer cake

巧克力和西番莲是组奇特的组合——巧克力的苦味会强化西番莲刺激的味道。这款蛋糕的顶端装饰有灯笼果和西番莲花，非常适合极为特殊的场合。

5 个西番莲果汁，去籽
黄色食用色素
5 个蛋的蛋糕糊配方 1 份（见 P.9）

奶油霜
糖粉 170 克（1¼ 杯），过筛
无糖可可粉 45 克（将近 ½ 杯），过筛
软化的奶油 45 克（3 大匙）
牛乳 1 大匙

甘纳许
高脂鲜奶油 80 毫升（⅓ 杯）
纯 / 苦甜巧克力 100 克
奶油 1 大匙
金黄糖浆 / 浅色玉米糖浆 1 大匙

装饰用
灯笼果约 15 颗
符合食品安全、不含杀虫剂的西番莲花

8 寸和 4 寸的圆形蛋糕模各 2 个，涂油并铺上烤盘纸

12 人份

将烤箱预热至 180℃。

将西番莲汁和几滴黄色食用色素拌入蛋糕糊。将混料盛进蛋糕模中，将约 ⅔ 的混料分装至 2 个较大的模型，剩下的 ⅓ 分装至 2 个较小的模型。在预热好的烤箱内烘烤 20~30 分钟，烤至蛋糕表面呈金棕色，用手按压，蛋糕会弹回，而且用刀子插入每块蛋糕的中心，刀子不会黏附面糊为止。较小的蛋糕所需的烘烤时间比较大蛋糕短，因此请在烘烤完成前确认烘烤状况。让蛋糕在模中放凉几分钟，然后在网架上脱模，放至完全冷却。

制作奶油霜。将糖粉、可可粉、奶油和牛乳一起搅打至形成顺滑浓稠的糖衣。

以隔水加热的方式制作甘纳许，在耐热碗中放入鲜奶油、巧克力、奶油和糖浆，碗底绝对不可碰到微滚的热水。加热至巧克力融化，然后将所有材料搅打至形成顺滑有光泽的酱汁。

进行组装，将较大的一块蛋糕摆在餐盘上。用抹刀或金属刮刀在蛋糕顶端铺上约 ⅔ 的奶油霜。摆上第二块大蛋糕。在蛋糕顶端铺上约 ⅔ 的甘纳许。将较小的一块蛋糕摆在大蛋糕中央。在小蛋糕顶端铺上剩余的奶油霜，再叠上最后一块小蛋糕。将剩余的甘纳许铺在蛋糕顶端，铺成厚厚的一层。

装饰蛋糕。将灯笼果摆在大蛋糕的周围，并撒上糖粉。将西番莲花摆在顶端。西番莲花只作为装饰，应在切蛋糕时移除。千万不要食用装饰用花，除非你确定这么做绝对安全。

蛋糕在密封容器中最多可保存 2 天。

绿茶冰淇淋蛋糕 *Green tea ice cream cake*

这些漂亮的粉红色蛋糕，表面有漂亮的花朵装饰，内含以抹茶粉制成的时尚绿茶冰淇淋馅料，非常适合在炎热的夏季享用。若没有时间制作冰淇淋，可选择其他口味的现成冰淇淋来替代。

香草豆粉 $\frac{1}{2}$ 小匙或纯香草精 1 小匙
4 个蛋的蛋糕糊配方 1 份（见 P.9）
粉红色食用色素

冰淇淋
抹茶粉 1 小匙
高脂鲜奶油 400 毫升（1$\frac{3}{4}$ 杯）
牛乳 200 毫升（$\frac{3}{4}$ 杯）
蛋黄 5 个
细砂糖 100 克（$\frac{1}{2}$ 杯）
绿色食用色素（可选）

装饰用
糖粉，撒在表面
融化的纯 / 苦甜巧克力 50 克，放凉
糖花

冰淇淋机（可选）
8 寸的圆形蛋糕模 2 个，涂油并铺上
烤盘纸
装有小型圆口挤花嘴的挤花袋 2 个
2.5 寸的圆形切割器 1 个

10 人份

先制作冰淇淋。在酱汁锅中以中火加热抹茶粉、鲜奶油和牛乳，煮沸，不断搅拌，让粉末溶解。在搅拌碗中将蛋黄和糖搅打至形成非常浓稠、淡黄色、乳霜状的蛋奶糊。将奶油酱汁再度煮沸，然后缓缓地倒进蛋奶糊里，不断搅拌。最后倒回酱汁锅内，再煮几分钟，直至混料开始变得浓稠，期间不停搅拌。若希望颜色更鲜艳，可再加入几滴绿色食用色素。将混料倒入碗中，放至完全冷却。依冰淇淋机的使用说明，将混料搅拌成冰淇淋，冷冻保存至准备端上桌的时刻。若没有冰淇淋机，可将混料倒入制冰盒中加以冷冻，每 20 分钟左右搅拌一次，直到冷冻至碎裂冰晶状态。

将烤箱预热至 180℃。

将香草拌入蛋糕糊，加入几滴粉红色食用色素，轻轻拌至颜色均匀。将混料均分至蛋糕模。在预热好的烤箱内烘烤 20~30 分钟，烤至用手按压，蛋糕会弹回，而且用刀子插入每块蛋糕的中心，刀子不会黏附面糊为止。让蛋糕在模中放凉几分钟，然后在网架上脱模，放至完全冷却。

冷却后，用切割器从每块蛋糕中切出 5 块圆形海绵蛋糕（在这道食谱中不会再用到切下的蛋糕边，但你可将它们搅碎，用来制作酥顶，并冷冻保存至其他需要用到酥顶的食谱时再使用，例如松露巧克力或蛋糕棒棒糖）。将每块圆形蛋糕横切成两半。为每块蛋糕撒上糖粉，接着将融化的巧克力盛进挤花袋。在蛋糕顶端挤出树枝状图案，并用糖花进行装饰。放至凝固后再端上桌。

蛋糕端上桌前再从冰淇淋机中取出冰淇淋，让冰淇淋稍微软化。以同样的切割器将冰淇淋裁切成 10 个圆饼状。用刀切下切割器下方的冰淇淋，然后取出饼状的冰淇淋。将每块圆饼状的冰淇淋夹在 2 个切半蛋糕之间，并将有装饰的切半蛋糕摆在顶端。即可享用。

白巧克力薄荷香草多层蛋糕

White chocolate, peppermint and vanilla layer cake

我喜欢香草与薄荷的清爽组合。由深绿至浅绿的渐层，乳白色的巧克力糖霜，以及精致的糖霜薄荷叶，这款诱人的蛋糕令人难以抗拒。

香草豆粉 $\frac{1}{2}$ 小匙或纯香草精 1 小匙
盐 1 撮
6 个蛋的蛋糕糊配方 1 份（见 P.9）
绿色食用色素凝胶

白巧克力奶油霜

糖粉 350 克（2.5 杯），过筛奶油 1
大匙（软化）
融化的白巧克力 100 克，放凉
薄荷精 1 小匙
牛乳少许（如有需要）

糖霜薄荷叶

蛋清 1 个
新鲜薄荷叶
细砂糖，撒在表面

水彩笔 1 支
烤盘 1 个，铺上硅胶烤垫或烤盘纸
8 寸的圆形蛋糕模 4 个，涂油并铺上
烤盘纸

12 人份

先制作糖霜薄荷叶，因为这些叶片需风干一整夜。将蛋清搅打至起很多泡沫。用水彩笔将蛋清涂在叶片的两面，然后撒上糖，让每个叶片都铺上一层薄薄的糖。摆在硅胶烤盘垫或烤盘上。置于温暖处风干一整夜。干燥后，将叶片储存在密封容器中备用。

将烤箱预热至 180℃。

用橡皮刮刀将香草和盐拌入蛋糕糊。在面糊里加入几滴食用色素凝胶并拌匀。将 $\frac{1}{4}$ 的混料盛进蛋糕模。在剩余的面糊中再加入几滴食用色素，搅打至形成颜色略深的绿色面糊。将 $\frac{1}{3}$ 的混料盛进另一个蛋糕模。剩余的 2 份面糊也以同样方式进行，每次都再加入几滴食用色素，直到形成 4 块颜色略有不同的绿色蛋糕。在预热好的烤箱内烘烤 25~30 分钟，烤至用手按压，蛋糕会弹回，而且用刀子插入每块蛋糕的中心，刀子不会黏附面糊为止。让蛋糕在模中放凉几分钟，然后在网架上脱模，放至完全冷却。

制作白巧克力奶油霜。将糖粉、奶油、融化的巧克力和薄荷精一起搅打至形成顺滑浓稠的糖衣，若混料过稠就加入适量牛乳。

用大型锯齿刀裁切蛋糕边缘，露出不同深浅的绿色海绵蛋糕。将颜色最深的绿色蛋糕摆在蛋糕架或餐盘上，然后铺上一层薄薄的奶油霜。摆上颜色次深的蛋糕，再铺上一些奶油霜。重复同样的动作，铺上剩余的 2 块蛋糕，最后将颜色最浅的一块摆在最上面。在蛋糕顶端铺上一层奶油霜，用糖霜薄荷叶进行装饰。

蛋糕在密封容器中最多可保存 3 天。

咖啡菠萝多层蛋糕
Coffee and pineapple layer cake

咖啡和菠萝的组合或许看似不寻常，但搭配起来却是美味至极。这款蛋糕以酥脆的菠萝花进行装饰，并铺上可口的马斯卡邦奶酪糖衣。你需要在前一天制作菠萝脆片，因为它们需要风干一整夜。

菠萝 1 个
浓缩咖啡 1 份
咖啡精 1 小匙
咖啡盐 $\frac{1}{2}$ 小匙（可选）
4 个蛋的蛋糕糊配方 1 份（见 P.9）

咖啡糖浆

浓缩咖啡 1 份
细砂糖 1 大匙

马斯卡邦奶酪奶油酱

马斯卡邦奶酪 170 克
软化的奶油 60 克（4 大匙）
糖粉 450 克（$3\frac{1}{4}$ 杯），过筛

8 寸的圆形蛋糕模 2 个，涂油并铺上烤盘纸
烤盘 1 个，铺上硅胶烤垫或烤盘纸

10 人份

将菠萝削皮，并横切成两半。保留一半菠萝作为馅料（用保鲜膜包起，冷藏储存至准备组装蛋糕时使用）。用利刀将另一半菠萝切成很薄的圆形薄片。将菠萝片摆在烤盘上，置于温暖处风干一整夜。或者你也能将菠萝片放入烤箱，以最小的火力进行烘烤，每小时确认一下烘烤状态。菠萝片烘干所需的时间，依烤箱的温度和菠萝的成熟度而定。

将烤箱预热至 180℃。

将浓缩咖啡、咖啡精和咖啡盐拌入蛋糕糊里，并将混料均分至蛋糕模。在预热好的烤箱内烘烤 20~30 分钟，烤至蛋糕表面呈金棕色，用手按压，蛋糕会弹回，用刀子插入每块蛋糕的中心，刀子不会黏附面糊为止。让蛋糕在模中放凉几分钟，然后在网架上脱模，放至完全冷却。

制作咖啡糖浆。在酱汁锅中加热浓缩咖啡和糖，直到糖溶解，而且混料形成黏稠的糖浆。放凉。

制作马斯卡邦奶酪奶油酱内馅。将马斯卡邦奶酪、奶油和糖粉一起搅打至形成顺滑浓稠的糖衣。

将预留的一半菠萝挖去果核，然后切片。用利刀将两块蛋糕都横切成两半，形成四层蛋糕。将一个切半蛋糕摆在餐盘上，淋上一些咖啡糖浆。铺上一层菠萝片，然后摆上第二层切半蛋糕。铺上一半的马斯卡邦奶酪奶油酱，然后再叠上另外一块蛋糕。为海绵蛋糕淋上一些咖啡糖浆和更多的菠萝片。摆上最后一块蛋糕，在蛋糕的顶端和侧边淋上一些咖啡糖浆。在蛋糕顶端铺上剩余的马斯卡邦奶酪奶油酱，并以干燥的菠萝脆片装饰。

蛋糕在密封容器中最多可保存 2 天，建议在端上桌前再组装蛋糕。

红醋栗蛋糕 *Redcurrant cake*

在法国阿尔萨斯（Alsace）的家庭假日里，我会制作红醋栗塔。我喜欢这些红色莓果的刺激酸味。这些小蛋糕以红醋栗蜜饯为内馅，并铺上可口的卡士达奶油酱和鲜奶油。

细砂糖 280 克（将近 1 杯）
软化的奶油 280 克（2.5 条）
蛋 5 个
自发面粉 280 克（满满 2 杯），过筛
酪乳 80 毫升（⅓ 杯）
纯香草精 1 小匙

蜜饯
红醋栗 300 克（3 杯）
细砂糖 60 克（¼ 杯）

卡士达奶油酱
蛋 1 个和蛋黄 1 个
玉米粉（2 大匙），过筛
细砂糖 80 克（⅓ 杯加 1 大匙）
高脂鲜奶油 250 毫升（1 杯）
香草粉或纯香草精 1 小匙

装饰用
糖粉，撒在表面
高脂鲜奶油 200 毫升（¼ 杯）

3 寸的凸底派盘 6 个，涂油

耐热盘 1 个
耐热碗 1 个

6 个

将烤箱预热至 180℃。

制作蛋糕。在大型搅拌碗中将糖和奶油搅打至松发泛白。一次打一个蛋。拌入面粉、酪乳和香草，并将混料盛进蛋糕模。在预热好的烤箱里烘烤 20~30 分钟，烤至用手按压，蛋糕会弹回，而且用刀子插入每块蛋糕的中心，刀子不会黏附面糊为止。让蛋糕在模中放凉几分钟，然后在网架上脱模，放至完全冷却。

制作蜜饯。将红醋栗、糖和两大匙的水倒入耐热盘，于 180℃ 烘烤 20~30 分钟，直到水果软化。从烤箱中取出，放凉。

制作卡士达奶油酱。在大型的耐热碗中搅打蛋、蛋黄、玉米粉和糖，打至形成非常浓稠、乳霜状的蛋奶糊。在酱汁锅中，将鲜奶油和香草煮沸。不停搅打，将热奶油酱倒入蛋奶糊里。再将混料倒回酱汁锅中，一直搅打至卡士达奶油酱变得浓稠。注意不要让混料凝结。若混料开始凝结，请用滤网过滤混料以去除所有结块，用汤匙背按压结块。放凉。

将蛋糕摆在餐盘上，将融化的巧克力铺在蛋糕的凹洞中。为整个蛋糕撒上一层厚厚的糖粉。将蜜饯盛至巧克力上，并盖上卡士达奶油酱。

将鲜奶油打发至形成直立尖角，盛至卡士达奶油酱上，并形成螺旋状尖角。用新鲜红醋栗进行装饰。

直接端上桌或是冷藏储存至准备享用的时刻。由于蛋糕含有鲜奶油，冷藏最多可保存 2 天，建议在制作当天食用完毕。

无花果巧克力蛋糕 Chocolate fig cake

这款以烤无花果装饰的蛋糕，会让无花果的爱好者兴奋不已。满满的可可粉，并加入芳香的奶油奶酪糖霜，这道裸蛋糕摆在任何宴会餐桌的中央，都能营造出戏剧性的效果。

无糖可可粉 60 克（½ 杯），过筛
6 个蛋的蛋糕糊配方 1 份（见 P.9）
柠檬凝乳 4 大匙

烤无花果
无花果 6 颗
细砂糖 1 大匙
液状蜂蜜 1 大匙
奶油 1 小块

奶油霜
糖粉 350 克（2.5 杯），过筛
软化的奶油 1 大匙
奶油奶酪 1 大匙
牛乳适量（如有需要）

装饰用
融化的白巧克力 50 克
糖粉，撒在表面

8 寸的圆形蛋糕模 3 个，涂油并铺上
烤盘纸
硅胶烤盘垫或涂油的烤盘 1 个

10 人份

将烤箱预热至 180℃。

将无花果摆在烤盘中，撒上糖。淋上蜂蜜，并在每颗无花果上点缀适量奶油。在预热好的烤箱里烘烤 15~20 分钟，直到无花果软化，但仍维持原来的形状。放凉，但烤箱不要熄火，后续还要烤蛋糕。

将可可粉拌入蛋糕糊，将混料均分至蛋糕模。在预热好的烤箱内烘烤 20~30 分钟，烤至用手按压，蛋糕会弹回，而且用刀子插入每块蛋糕的中心，刀子不会黏附面糊为止。让蛋糕在模中放凉几分钟，然后在网架上脱模，放至完全冷却。

制作奶油霜。将糖粉、奶油和奶油奶酪一起搅打至形成顺滑浓稠的糖衣。若糖霜过稠，请加入适量牛乳。

用大型锯齿刀将每块蛋糕横切成两半。将一块切半蛋糕摆在餐盘上或蛋糕架上，铺上一些奶油霜。淋上一些柠檬凝乳，并叠上第二块切半蛋糕。剩下的蛋糕也以同样的步骤进行。用剩余的奶油霜在蛋糕边缘周围抹上薄薄的一层，但仍然能看到蛋糕的层次。撒上糖粉，并用白巧克力在顶端滴出漂亮的花样。

将烤无花果切半，摆在蛋糕顶端和底部的周围进行装饰。蛋糕在密封容器中最多可保存 2 天，上桌前再以无花果进行装饰。

焦糖泡芙塔  *Croquembouche*

泡芙塔可能是最早出现的裸蛋糕，其装饰来自于泡芙本身令人惊艳的堆叠，而非炫丽的糖衣。

泡芙面糊

中筋面粉260克（2杯），过筛
2次

奶油200克（1¾条），切成小块

盐1撮

蛋8个

馅料

高脂鲜奶油600毫升（2.5杯）

糖粉2大匙

香草豆粉1小匙或纯香草精2小匙

组装与装饰

细砂糖600克（2杯）

符合食品安全的花（如茉莉花），
装饰用

烤盘4个，铺上烤盘纸或硅胶烤
盘垫（或是在每次使用之间重新
清洗和晾干）

装有圆口挤花嘴的挤花袋2个

薄纸板1大张

胶带

20~30人份

在大型酱汁锅中加入600毫升（2.5杯）的水和盐，将奶油加热至融化。奶油一融化，迅速地全部加入所有过筛的面粉，然后将酱汁锅离火。水煮沸的时间勿超过奶油融化的时间，因为水分会蒸发。用木匙非常用力地搅打混料，直到混料形成团状，而且不再粘黏锅边。混料一开始会看起来非常湿，但几分钟后就会聚集在一起。在这个阶段中，充分搅打混料非常重要。放凉5分钟。

在另一个碗中打蛋，然后用木匙或打蛋器，每次少量地将蛋拌入面团中。混料一开始会稍微分离，这是正常现象，只要持续搅打，面团就会聚集在一起。每个阶段都要非常用力地搅打混料。提起打蛋器时，混料形成可维持形状的黏稠面糊即可（可以分两批制作泡芙面糊，因为这样比较容易搅打）。

将烤箱预热至200℃。将泡芙面糊盛进挤花袋中，在烤盘上挤出约80颗小面球。用干净的手指蘸水，将面球上的所有尖角理顺。在烤箱底部撒上一些水，以制造蒸汽。放进第一批装有泡芙的烤盘，并烤10分钟，接着将烤箱温度调低为180℃，再烤10~15分钟，直到泡芙酥脆。在每颗泡芙上划一道切口，让蒸汽溢出，接着将其放在网架上放凉。烤盘上剩余的泡芙也以同样方式进行（你可以同时烘烤这些泡芙，但较底层的泡芙用时较长）。冷却后，用利刀在每颗泡芙底部挖一个小洞。

制作馅料。将鲜奶油、糖粉和香草打发至形成直立尖角，然后盛进第2个挤花袋中。为每颗泡芙挤入少量的奶油酱。

用纸板做一个圆锥形纸筒，先修剪底部，让纸筒可以站平，约16寸高，底部直径约7寸，并用胶带固定。摆在蛋糕架上。

在酱汁锅中以中火将糖加热至融化。最好分两锅进行，每锅加热一半的糖。煮糖时请勿搅拌，但请转动酱汁锅，以确保糖没有烧焦。糖一溶解，就小心地用钳子将每颗小泡芙浸入焦糖里。将蘸有焦糖的小泡芙摆在圆锥纸筒底部周围，排成一圈。剩余的泡芙也以同样方式处理，围绕着圆锥纸筒，一直排至顶端。若糖开始凝固就重新加热。一旦组装成塔，就用叉子蘸剩余的糖，在泡芙塔上绕圈，让塔的周围形成一层薄薄的糖丝。

请立刻端上桌，因为缠绕的糖丝会随着时间的延长而软化。

吉尼斯黑啤巧克力蛋糕
Chocolate Guinness cake

这款蛋糕中的吉尼斯黑啤酒确实加强了巧克力的风味，也赋予一种可口的苦味，完美地平衡了糖衣的甜度。蛋糕糊中含有大量的可可粉、融化的巧克力和巧克力豆。这款蛋糕适合任何宴会或庆生场合。

软化的奶油 250 克（2¼ 条）

黑砂糖 250 克（1¼ 杯）

香草豆粉 ½ 小匙或纯香草精 1 小匙

蛋 2 个

融化的纯／苦甜巧克力 100 克

自发面粉 280 克（满满 2 杯），过筛

无糖可可粉 50 克（½ 杯），过筛

吉尼斯或司陶特黑啤酒 250 毫升（1 杯）

酸奶油 150 毫升（⅔ 杯）

白巧克力豆 100 克（⅔ 杯）

糖霜

糖粉 300 克（满满 2 杯），过筛

软化的奶油 1 大匙

马斯卡邦奶酪 2 大匙

牛乳少许（如有需要）

10 寸的环形邦特蛋糕模 1 个，涂油

20 人份

将烤箱预热至 180℃。

在大型的搅拌碗中，将奶油和黑砂糖一起搅打成乳霜状。加入香草和蛋，再次搅拌。加入融化的巧克力、面粉、可可粉、吉尼斯黑啤酒和酸奶油，搅打至所有材料充分混合。拌入巧克力豆，并将混料盛进邦特蛋糕模中。烘烤 30~40 分钟，烤至用手按压，蛋糕会弹回，而且用刀子插入每块蛋糕的中心，刀子不会黏附面糊为止。让蛋糕在模中放至完全冷却，然后用刀辅助，在网架上脱模。

制作糖霜。将糖粉、奶油和马斯卡邦奶酪一起搅打至形成顺滑浓稠的糖衣，若混料过稠，请加入少许牛乳。

将蛋糕摆在餐盘上，在蛋糕顶端铺上糖衣。撒上少许可可粉。

蛋糕在密封容器中最多可保存 2 天。

The Changing Seasons

演绎四季

柠檬薰衣草蛋糕
Lemon and lavender cakes

有着渐层及薰衣草花的漂亮紫色海绵小蛋糕，看起来可爱至极。蛋糕内馅以奶油奶酪制成的可口奶油霜和薰衣草柠檬凝乳，是夏季茶会的完美装点。

柠檬 3 个，刨碎果皮
6 个蛋的蛋糕糊配方 1 份（见 P.9）
紫色食用色素凝胶
糖粉，撒在表面

薰衣草花
可食用薰衣草 10 枝
蛋清 1 个
细砂糖适量

水晶糖霜
柠檬 5 个，现榨成果汁
可食用薰衣草 1 小匙
糖粉 2 大匙
柠檬凝乳 3 大匙

奶油霜
糖粉 350 克（2.5 杯），过筛
奶油奶酪 1 大匙
软化的奶油 15 克（1 大匙）
柠檬 1 个，现榨成果汁

水彩笔 1 支
烤盘 1 个，铺上硅胶烤盘垫或烤盘纸
8 寸的圆形蛋糕模 3 个，涂油并铺上
烤盘纸
2.5 寸的切割器
装有小型圆口挤花嘴的挤花袋 1 个

10 个

先制作薰衣草花。因为它们需要风干一整夜。将蛋清搅打至起很多泡沫。用水彩笔将蛋清涂在整枝薰衣草上，然后撒上细砂糖。所有的薰衣草都以同样步骤进行，一次一枝，然后摆在预备的烤盘上。置于温暖处风干一整夜。干燥后，将薰衣草花储存于密封容器中备用。

将烤箱预热至 180℃。

将柠檬皮拌入蛋糕糊中。将 $\frac{1}{3}$ 的混料盛进蛋糕模。在蛋糕混料中加入几滴紫色食用色素，然后搅拌至形成均匀的淡紫色面糊。将其中一半的染色混料盛进另一个蛋糕模。在剩余的蛋糕糊中，再加入几滴食用色素，形成较深的紫色，然后将混料盛进最后一个模型。烘烤 25~30 分钟，烤至用手按压，蛋糕会弹回，而且用刀子插入每块蛋糕的中心，刀子不会黏附面糊为止。

在小型酱汁锅中以中火加热柠檬汁、薰衣草和糖粉，煮沸。混合一大匙的糖浆和柠檬凝乳，然后摆在一旁，接着将剩余的糖浆淋在蛋糕上，然后让蛋糕在模型中放凉。

冷却后，将蛋糕脱模。将一块蛋糕摆在砧板上，用切割器裁成 5 块圆形海绵蛋糕。丢弃裁下的蛋糕边（这些蛋糕边也可制成酥顶，可冷冻保存作为其他需要酥顶的食谱使用，如蛋糕棒棒糖或松露巧克力）。剩下 2 块蛋糕也以同样方式进行操作。将每块小蛋糕横切成两半，因此每种颜色将有 10 块圆形蛋糕，总共 30 块蛋糕。

制作奶油霜。将糖粉、奶油奶酪、奶油和柠檬汁一起搅打至形成顺滑浓稠的糖衣。

将奶油霜盛进挤花袋，在颜色最深的紫色蛋糕边缘挤出一圈奶油霜。于奶油霜中央放上一大匙的薰衣草柠檬凝乳，然后在每块深紫色蛋糕上，摆上一块浅紫色蛋糕。同样挤出一圈奶油霜，再铺上柠檬凝乳，最后在每块浅紫色蛋糕上再叠上无色的海绵蛋糕。为蛋糕撒上糖粉，然后以糖霜薰衣草花装饰。薰衣草的枝梗不可食用，应在食用前移除。

蛋糕在密封容器中最多可保存 3 天，建议在制作当天食用完毕。

金盏花马斯卡邦姜味蛋糕
Ginger cake with mascarpone and marigolds

金盏花的鲜艳花瓣能让任何一款蛋糕都显得明艳动人。相较于味道浓郁的传统姜饼，这款姜味蛋糕则较为清淡。这是一款质朴而又不失美味的蛋糕，其在蛋糕糊中加入了马斯卡邦奶酪糖霜、刨碎的胡萝卜和蜜渍糖姜。

姜粉 2 小匙

保存在糖浆中的糖渍蜜姜 6 块，外加糖浆 3 大匙

大棵胡萝卜 3 根，削皮并刨碎

6 个蛋的蛋糕糊配方 1 份（见 P.9）

糖粉，撒在表面

符合食品安全、不含杀虫剂的金盏花，装饰用

马斯卡邦奶酪奶油酱

马斯卡邦奶酪 125 克（1/2 杯）

糖粉 450 克（3 1/4 杯），过筛

软化的奶油 50 克（3.5 大匙）

牛乳 3~4 大匙

8 寸和 10 寸的活底蛋糕模各 1 个，涂油并铺上烤盘纸

装有大型圆口挤花嘴的挤花袋 1 个

18 人份

将烤箱预热至 180℃。

将姜粉、糖渍蜜姜、糖浆和刨碎的胡萝卜拌入蛋糕糊，然后盛进蛋糕模，将约 2/3 的面糊分装至较大的模型中，剩下的 1/3 装至较小的模型里，让蛋糕糊的深度相同。烘烤 30~40 分钟，烤至蛋糕表面呈金棕色，用手按压，蛋糕会弹回，而且用刀子插入每块蛋糕的中心，刀子不会黏附面糊为止。较小的蛋糕所需的烘烤时间较短，因此在烘烤结束前，请不断确认烘烤状况。让蛋糕在模中放凉几分钟，然后在网架上脱模，放至完全冷却。

制作马斯卡邦奶酪奶油酱。在大搅拌碗中搅打马斯卡邦奶酪、糖粉、奶油和牛乳，由于可能不会用到所有的牛乳，请逐步加入。搅打至形成顺滑浓稠的糖衣，将搅拌器提起时，会形成直立尖角。将马斯卡邦奶酪奶油酱盛进挤花袋中。

进行组装。用大型锯齿刀将每块蛋糕切半。将较大块的底层蛋糕摆在餐盘上，在蛋糕边缘挤出一圈糖衣。在蛋糕中央铺上更多的糖衣，并在这一圈糖衣的内缘，覆盖上一层薄薄的奶油酱。再叠上另外半块大蛋糕，撒上糖粉。在蛋糕中央铺上一些糖衣，然后将较小蛋糕的底层蛋糕摆在糖衣上。重复挤奶油酱，再叠上另外半块的小蛋糕，并撒上糖粉。以符合食品安全的新鲜金盏花装饰。花瓣可食用（在未喷洒杀虫剂的前提下），但茎或任何绿色的部分请勿食用。在切蛋糕之前将花移除。千万不要食用装饰用花，除非你确定这么做绝对安全。

蛋糕在密封容器中最多可保存 3 天，建议在制作当天食用完毕。

大黄卡士达蛋糕  *Rhubarb and custard cake*

大黄和卡士达口味的糖果是我童年的最爱，而这款蛋糕的灵感就源自于此。以顺滑的卡士达奶油酱和炖大黄作为馅料，并用非常简单而漂亮的粉红色大黄瓦片作为装饰，这款蛋糕肯定能让你喜欢。

香草豆粉 $\frac{1}{2}$ 小匙或纯香草精 1 小匙

4 个蛋的蛋糕糊配方 1 份（见 P.9）

糖粉，撒在表面

烤大黄

大黄（最好为粉红色）600 克，修整后切成长 $1\frac{1}{4}$ 寸的小段

细砂糖 80 克（$\frac{1}{3}$ 杯加 1 大匙）

香草豆粉 1 大匙

大黄瓦片

大黄 2 条

粉红色食用色素

柠檬 1 个，现榨成果汁

细砂糖 1 大匙

卡士达奶油酱

高脂鲜奶油 200 毫升（$\frac{3}{4}$ 杯）

现成卡士达酱 3 大匙

香草粉 1 大匙

旋转削皮刀

烤盘 1 个，铺上硅胶烤盘垫或烤盘纸

8 寸的圆形蛋糕模 2 个，涂油并铺上烤盘纸

10 人份

先制作大黄瓦片，因为它们需要风干一整夜。切去大黄的两端，用旋转削皮刀削成薄长条。将条状大黄摆在大型的锅中，被水正好没过，然后加入几滴粉红食用色素、柠檬汁和糖。以小火煮 2~3 分钟，直到大黄刚好变软。将大黄条摆在预备的烤盘上，并将大黄条扭转成漂亮的形状。置于温暖处风干一整夜，在这之后大黄应变得酥脆。因此在干燥后请小心地储存于密闭容器中直至准备享用蛋糕的时刻。

制作烤大黄。将烤箱预热至 180℃。将大黄、糖、一大匙的水和香草一起放入耐热盘中。烘烤 20~25 分钟，直到大黄刚好软化。放凉。烤箱不要熄火，之后用来烤蛋糕。

将香草拌入蛋糕糊，轻轻拌入一半冷却的烤大黄。将混料均分至 2 个蛋糕模。烘烤 25~30 分钟，烤至蛋糕表面呈金棕色，用手按压，蛋糕会弹回，而且用刀子插入每块蛋糕的中心，刀子不会黏附面糊为止。让蛋糕在模中放凉几分钟，然后在网架上脱模，放至完全冷却。

制作卡士达奶油酱。在搅拌碗中将鲜奶油、卡士达酱和香草打发至形成直立尖角。

将一块蛋糕摆在餐盘上，并铺上几大匙的卡士达奶油酱。将剩余的烤大黄沥干，去掉所有烤出的汤汁，铺在蛋糕上。叠上第二块蛋糕，撒上糖粉，并在顶端摆上大黄瓦片。

直接端上桌或是冷藏储存至准备享用的时刻。由于蛋糕含有鲜奶油，冷藏可最多保存 2 天，建议在制作当天食用完毕。

巧克力栗子蛋糕 *Chocolate chestnut cake*

栗子很少用于烘焙——但我喜欢它细致的风味。这款蛋糕以栗子、巧克力和香草蛋糕层层堆叠，以栗子奶油霜作为内馅，并铺上光滑的巧克力甘纳许和具有节庆气氛的糖渍栗子。若因个人喜好不同，也可使用较便宜的栗子碎片，而非整颗的糖渍栗子，效果同样很好。

6 个蛋的蛋糕糊配方 1 份（见 P.9）

无糖可可粉 40 克（1/3 杯），过筛

栗子泥 80 克（将近 1/4 杯）

纯香草精 1 小匙

糖渍栗子 10 颗

融化的纯／苦甜巧克力 100 克

奶油霜

糖粉 250 克（1¾ 杯），过筛

软化的奶油 1 大匙

甜栗子泥 150 克（1/2 杯）

奶油奶酪 70 克（1/3 杯）

牛乳少许（如有需要）

甘纳许

高脂鲜奶油 60 毫升（1/4 杯）

纯／苦甜巧克力 200 克

奶油 15 克（1 大匙）

金黄糖浆／浅色玉米糖浆 1 大匙

8 寸的圆形蛋糕模 3 个，涂油并铺上烤盘纸

12 人份

将烤箱预热至 180℃。

将蛋糕糊均分至 3 个碗中。将 3/4 的可可粉加入第一个碗中，并搅拌至可可粉完全混入面糊。将栗子泥和剩余的可可粉加入另一个碗中，并拌匀。在第三个碗加入香草精。再将每份蛋糕混料盛进蛋糕模，烘烤 25~30 分钟，烤至用手按压，蛋糕会弹回，而且用刀子插入每块蛋糕的中心，刀子不会黏附面糊为止。让蛋糕在模中放凉几分钟，然后在网架上脱模，放至完全冷却。

以隔水加热的方式制作甘纳许，在耐热碗中放入鲜奶油、巧克力、奶油和糖浆，碗底绝对不可碰到微滚的热水。加热至巧克力融化，然后将所有材料搅打至形成顺滑有光泽的酱汁。离火并稍微放凉。

制作奶油霜。将糖粉、奶油、栗子泥和奶油奶酪一起搅打至松发泛白，若混料过稠则加入少许牛乳。

将每块蛋糕横切成两半。将蛋糕叠在餐盘或蛋糕架上，不同的颜色交替摆放（巧克力、栗子，然后是香草，接着重复步骤），在每层蛋糕间抹上一些奶油霜和一层巧克力甘纳许。

将剩余的甘纳许铺在蛋糕顶端。将一半的糖渍栗子浸入融化的巧克力中，然后摆在蛋糕顶端，和未蘸巧克力的糖渍栗子交替排成一圈。你必须等到甘纳许冷却后再进行这个步骤，因为冷却后又稍微稠化的甘纳许，可用来固定糖渍栗子。

蛋糕在密封容器中最多可保存 2 天。

黑莓苹果肉桂奶油霜蛋糕
Blackberry and apple cake with cinnamon buttercream

这款蛋糕的装饰非常简单，但因鲜艳的粉红玫瑰和耀眼的黑莓而显得动人。这款风味蛋糕同时以可口的肉桂奶油霜和苹果泥为内馅，最适合在苹果和黑莓收获的秋季里享用。

肉桂粉 2 小匙

苹果 4 颗，削皮、去核并刨碎

6 个蛋的蛋糕糊配方 1 份（见 P.9）

黑莓 200 克（1.5 杯）

符合食品安全，不含杀虫剂的粉红玫瑰，装饰用

苹果泥

苹果 5 颗

细砂糖 50 克（1/4 杯）

奶油 15 克（1 大匙）

奶油霜

糖粉 450 克（3 1/4 杯），过筛，撒在表面用

软化的奶油 100 克（7 大匙）

肉桂粉 1 小匙

牛乳 3~4 大匙（如有需要）

9 寸的圆形弹簧扣

蛋糕模 2 个，涂油并铺上烤盘纸

16 人份

先制作苹果泥，因为它必须在放凉后使用。将苹果削皮并去核，切成小块。放入酱汁锅中，并加入糖和 60 毫升水（1/4 杯），以小火慢炖至苹果变得非常软。在锅中加入奶油，持续炖煮至奶油融化，然后在一旁放凉。

将烤箱预热至 180℃。

制作蛋糕。将肉桂和刨碎的苹果拌入蛋糕糊，将混料均分至蛋糕模。烘烤 30~40 分钟，烤至蛋糕表面呈金棕色，用手按压，蛋糕会弹回，而且用刀子插入每块蛋糕的中心，刀子不会黏附面糊为止。让蛋糕在模中放凉几分钟，然后在网架上脱模，放至完全冷却。

制作奶油霜。将糖粉、奶油和肉桂一起搅打至形成顺滑浓稠的糖衣，而且将搅拌器提起时会形成直立尖角，若混料过稠则加入少许牛乳。

组装蛋糕。用大型锯齿刀将每块蛋糕横切成两半。将其中半块蛋糕摆在餐盘或蛋糕架上，铺上一层奶油霜和 1/3 的苹果泥。叠上另外半块蛋糕，并重复此操作，直至形成四层蛋糕，且用完所有的苹果泥。将剩余的奶油霜铺在蛋糕顶端的中央，撒上糖粉。在奶油霜顶端摆放黑莓和玫瑰，立刻端上桌。请在切蛋糕前将玫瑰移除，因为它们只作为装饰。千万不要食用装饰用花，除非你确定这么做绝对安全。

蛋糕在密封容器中最多可保存 3 天，建议端上桌前再摆放水果和玫瑰，以呈现出最美丽的状态。

南瓜蛋糕 *Pumpkin cake*

这款讨人喜爱的蛋糕因南瓜泥而显得湿润，并具有姜、肉桂和香料的细微辛香味。这款秋意浓厚的蛋糕，覆以南瓜籽糖片后更增添四季更迭的效果。

南瓜泥 250 克〔如利比（Libby）南瓜〕

香草豆粉 $\frac{1}{2}$ 小匙或纯香草精 1 小匙

香料粉 / 苹果派香料 1 小匙

姜粉 1 小匙

肉桂粉 1 小匙

丁香粉 1 撮

6 个蛋的蛋糕糊配方 1 份（见 P.9）

奶油霜

糖粉 350 克（2.5 杯），过筛

奶油奶酪 1 大匙

软化的奶油 1 大匙

牛乳适量（如有需要）

装饰用

细砂糖 100 克（$\frac{1}{2}$ 杯）

南瓜籽 1 大匙

甘纳许

高脂鲜奶油 60 毫升（$\frac{1}{4}$ 杯）

纯 / 苦甜巧克力 200 克

奶油 15 克（1 大匙）

金黄糖浆 / 浅色玉米糖浆 1 大匙

9 寸的圆形弹簧扣

蛋糕模 2 个，涂油并铺上烤盘纸

烤盘 1 个，铺上硅胶烤盘垫或烤盘纸

14 人份

将烤箱预热至 180℃。

将南瓜泥、香草和香料粉拌入蛋糕糊中。将混料均分至蛋糕模。在预热好的烤箱内烘烤 30~40 分钟，烤至用手按压，蛋糕会弹回，而且用刀子插入每块蛋糕的中心，刀子不会黏附面糊为止。让蛋糕在模中放凉几分钟，然后在网架上脱模，放至完全冷却。

制作装饰。在酱汁锅中以小火将糖加热至融化，并转变为淡淡的金棕色。请勿搅动，只需摇动酱汁锅，让糖持续流动。在焦糖开始融化时，请多加留意，因为糖非常容易被烧焦。一旦煮成焦糖，立刻将南瓜籽撒在预备的烤盘上，并淋上焦糖。让糖放凉并凝固，一旦凝固就立刻将其敲成碎片。

制作奶油霜。将糖粉、奶油奶酪和奶油一起搅打至松发泛白，若混料过稠则加入少许牛乳。

以隔水加热的方式制作甘纳许，在耐热碗中放入鲜奶油、巧克力、奶油和糖浆，碗底绝对不可碰到微滚的热水。加热至巧克力融化，然后将所有材料搅打至形成顺滑有光泽的酱汁。离火并稍微放凉。

将一块蛋糕摆在餐盘或蛋糕架上，并用抹刀或金属刮刀在顶端均匀地抹上奶油霜。再摆上第二块蛋糕。

用抹刀或金属刮刀在蛋糕顶端铺上甘纳许，然后以南瓜籽糖片装饰。

蛋糕在密封容器中最多可保存 3 天，建议在制作当天食用完毕。端上桌前再以南瓜籽糖片进行装饰。

榛果丰收蛋糕 *Hazelnut harvest cake*

　　我喜欢在乡村里的秋收晚餐时刻端出这款蛋糕。糖渍榛果和可口的榛果奶油霜搭配，让这款蛋糕非常受欢迎。若因个人喜好不同，也可用胡桃或核桃来取代榛果。

榛果酱或榛果花生酱 2 大匙
4 个蛋的蛋糕糊配方 1 份（见 P.9）
切碎的烤榛果 50 克（将近 ½ 杯）

榛果奶油霜
榛果酱 1 大匙
糖粉 250 克（1¼ 杯），过筛
软化的奶油 15 克（1 大匙）
牛乳少许（如有需要）

糖渍榛果
细砂糖 100 克（½ 杯）
整颗榛果 14 颗

7 寸的活底深蛋糕模 1 个，涂油并铺上烤盘纸
竹签 14 根
烤盘 1 个，铺上硅胶烤盘垫或烤盘纸
装有大型圆口挤花嘴的挤花袋 1 个

8 人份

　　将烤箱预热至 180℃。

　　将榛果酱加入蛋糕糊中，接着拌入切碎的烤榛果，搅拌均匀。将混料倒入蛋糕模，在预热好的烤箱内烘烤 40~50 分钟，烤至用手按压，蛋糕会弹回，而且用刀子插入每块蛋糕的中心，刀子不会黏附面糊为止。让蛋糕在模中放凉几分钟，然后在网架上脱模，放至完全冷却。

　　制作榛果奶油霜。将榛果酱、糖粉和奶油一起搅打至形成顺滑浓稠的糖衣，若混料过稠就加入少许牛乳。

　　制作糖渍榛果装饰。在酱汁锅中以小火将糖加热至融化，并转变为淡淡的金棕色。只需摇动酱汁锅，请勿搅动，让糖持续流动。在焦糖开始融化时，请多加留意，因为糖非常容易被烧焦。一旦煮成焦糖，就立刻将酱汁锅离火，静置几分钟，让焦糖开始变得浓稠。

　　将每颗榛果插在一根竹签上，然后逐一浸入焦糖。将榛果从锅中拔出，让焦糖在榛果上形成一条长长的拔丝。让榛果朝下一会儿，待焦糖开始凝固，然后摆在烤盘上放凉，让焦糖完全凝固。剩余的所有榛果也以同样的方式进行（最好有人帮你拿着蘸好焦糖的榛果，这样你就能趁焦糖还温热时，将榛果逐一浸入焦糖中）。若焦糖开始变得过稠，只要将酱汁锅再加热几分钟即可。一旦暴露在空气中，榛果会随着时间的延长而变黏，因此建议在蛋糕端上桌之前再制作糖渍榛果，以获得最佳效果。

　　将奶油霜盛进挤花袋。用大型锯齿刀将蛋糕横切成两半，然后将底层的半块蛋糕摆在餐盘上。在蛋糕顶端挤上一层榛果奶油霜，并叠上第二块切半蛋糕。在蛋糕顶端挤出小尖角状的奶油霜，再用焦糖榛果排成一圈作为装饰。

　　未经榛果装饰的蛋糕在密封容器中最多可保存 3 天。

咖啡核桃蛋糕 *Coffee and walnut cake*

因为父亲非常喜爱咖啡和核桃，我会在父亲节为他制作这款蛋糕。铺上光滑的咖啡翻糖糖衣和核桃帕林内，这款蛋糕制作起来非常快速且容易，也非常适合特殊节庆场合。咖啡盐是一种非常奇妙的食材，相当适合用在这款蛋糕上，可从商店或网络上购入。

核桃仁或核桃碎 100 克（³⁄₄ 杯）

6 个蛋的蛋糕糊配方 1 份（见 P.9）

咖啡精 1 小匙

浓缩咖啡 1 份

咖啡盐 1 撮（或普通海盐）

高脂鲜奶油 500 毫升（2 杯）

帕林内

细砂糖 100 克（¹⁄₂ 杯）

核桃仁或核桃碎 100 克（³⁄₄ 杯）

镜面糖衣

翻糖 / 糖粉 200 克（1.5 杯），过筛

浓缩咖啡 1 份

咖啡精 1 小匙

9 寸的圆形蛋糕模 2 个，涂油并铺上烤盘纸

烤盘 1 个，铺上硅胶烤盘垫或烤盘纸

食物处理机

装有大型星形挤花嘴的挤花袋 1 个

12 人份

将烤箱预热至 180℃。

用食物处理机将核桃打成碎屑，接着连同咖啡精、浓缩咖啡和咖啡盐一起拌入蛋糕糊中，搅拌均匀。将混料均分至 2 个蛋糕模中。

在预热好的烤箱内烘烤 25~30 分钟，烤至用手按压，蛋糕会弹回，而且用刀子插入每块蛋糕的中心，刀子不会黏附面糊为止。让蛋糕在模中放凉几分钟，然后在网架上脱模，放至完全冷却。

制作核桃帕林内。在酱汁锅中以小火将细砂糖加热至融化，转动酱汁锅，以免糖烧焦。请勿搅拌。请多加留意，因为糖非常容易被烧焦。糖一旦呈现金黄的焦糖色，立即将核桃铺在预备的烤盘上，将约 10 颗核桃稍微间隔开来摆放，剩余的则紧密排放。为 10 颗核桃分别淋上一些焦糖——作为装饰用。将剩余的焦糖淋在其余的核桃上，放凉，接着敲成碎片，再用食物处理机打成碎屑。由于帕林内需要加入奶油霜中，所以其中不能有大结块，否则将无法通过挤花袋的挤花嘴。

制作馅料。将鲜奶油打发至形成直立尖角，接着用橡皮刮刀拌入帕林内的粉末。将奶油酱盛进挤花袋。

用大型锯齿刀将蛋糕横切成两半。将其中半块蛋糕摆在餐盘上，并在蛋糕上挤出一层帕林内奶油酱。摆上第二块切半蛋糕，挤出星形的奶油酱。重复挤出奶油酱和叠上蛋糕的步骤，直至用完所有蛋糕。

制作糖衣。将糖粉、浓缩咖啡和咖啡精搅打至形成光滑浓稠的糖衣。你可能不会用完所有的浓缩咖啡，因此请逐步加入。用抹刀或金属刮刀将糖衣抹在蛋糕顶端。

直接端上桌或是冷藏储存至准备享用的时刻。由于蛋糕含有鲜奶油，冷藏最多可保存 2 天，建议在制作当天食用完毕。

圣诞奶酥蛋糕
Festive crumble Christmas cake

　　圣诞蛋糕一直很流行，但也有人不喜欢传统的杏仁膏和糖衣，所以这款蛋糕特别适合他们。顶层仅以简单的奶酥为装饰，并撒上糖粉，呈现出下雪的效果。

水果与果皮 250 克（1.5 杯）

苏丹娜 / 黄金葡萄干 150 克（满满 1 杯）

烤杏仁片 100 克（1¼ 杯）

朗姆酒 250 毫升（1 杯）

君度橙酒 100 毫升（⅓ 杯）

软化的奶油 225 克（2 条）

黑砂糖 115 克（½ 杯加 1 大匙）

细砂糖 115 克（½ 杯加 1 大匙）

蛋 4 个

自发面粉 280 克（满满 2 杯），过筛

香料粉 / 苹果派香料 1 小匙

姜粉 1 小匙

肉桂粉 1 小匙

奶酥

自发面粉 115 克（¾ 杯）

细砂糖 60 克（将近 ⅓ 杯）

肉桂粉 1 小匙

奶油 60 克（½ 条）

糖粉，撒在表面

9 寸的圆形弹簧扣蛋糕模 1 个，涂油
并铺上烤盘纸
符合食品安全的节庆装饰用绿叶

10 人份

　　在碗中放入多种水果、苏丹娜 / 黄金葡萄干和杏仁片，再倒入兰姆酒和君度橙酒。用保鲜膜包起来，浸泡几小时或一整夜，直到水果膨胀。

　　将烤箱预热至 180℃。

　　在大型搅拌碗中，用电动搅拌器将奶油、黑砂糖和细砂糖搅打至松发泛白。加入蛋并再度搅打。用橡皮刮刀拌入面粉、香料粉 / 苹果派香料、姜粉、肉桂粉和泡酒的水果，搅拌至所有材料都充分混合。将混料盛进蛋糕模，烘烤 1 小时。

　　利用烘烤蛋糕的这段时间制作奶酥。在大型搅拌碗中搅打面粉、细砂糖和肉桂粉，并用手指将奶油揉进面糊中，直到混料形成许多大大的结块。小心地将烤箱门打开，将奶酥撒在蛋糕上，烘烤 15~30 分钟，烤至用刀子插入每块蛋糕的中心，刀子不会黏附面糊，而且奶酥变为金棕色为止。让蛋糕在模中放凉几分钟，然后在网架上脱模，放至完全冷却。

　　冷却后，将蛋糕摆在餐盘上并在顶端撒上一层厚厚的糖粉，呈现出下雪的效果。在蛋糕架上的蛋糕周围摆上小枝的装饰用绿叶。

　　蛋糕在密封容器中最多可保存 5 天。

致　谢

感谢RPS的成员对这个美丽心愿的实现充满了信心——特别要感谢辛蒂和茱莉亚委托我撰写本书，感谢凯特·艾迪森（Kate Eddison）的编辑，艺术总监雷斯丽·哈瑞顿（Leslie Harrington）和罗伦·莱特（Lauren Wright）的全方位协助。史蒂夫·潘特（Steve Painter）和露西·麦凯维（Lucy McKelvie），由于你们令人惊艳的摄影和美丽的艺术作品，成就了这本我目前最爱的书。你们仿佛在我的食谱上施展了魔法。HHB代理商的成员，我爱你们，感谢你们不断的鼓励。格瑞斯（Gareth）、艾美（Amy）、鲍恩（Bowen）和亨特（Hunter），尽管你们远在千里之外，但你们提供了如此出色的裸蛋糕制作灵感——我爱你们。同样也要感谢我的母亲、迈克（Mike）、我的父亲和丽兹（Liz），感谢你们在我撰写本书时所给予我的爱和支持。我爱的凯西（Kathy）和西蒙（Simon），一并感谢你们。

布朗（Brown），感谢你提供给我的一切食用花的灵感。感谢所有试吃蛋糕并提出批评意见的人：珍（Jane）、杰夫（Geoff）、戴维（David）、露西（Lucy）、帕比（Poppy）、珍美玛（Jemima）、艾玛（Emma）、乔伊（Joy）、贝瑞（Barry）、贝兹一家（the Bates family）、宝琳（Pauline）、迈尔斯（Miles）、杰西（Jess）、乔希（Josh）、罗茜（Rosie）、玛伦（Maren）、乔丝汀娜（Justina）、玛格丽特（Margaret）、帕姆（Pam）、特纳（Tena）和安费诺（Amphenol）。特别需要感谢的是WOAC的成员，他们试吃过本书中大部分的蛋糕——罗斯（Russ）、夏洛特（Charlotte）、丹（Dan）、史都华（Stuart）、西蒙（Simon）、史都华（Stuart）、汤米（Tommy）、鲍伯（Bob）、凯斯（Keith）、弗农（Vernon）、凯蒂（Katie）、小约翰（Little John）、约翰（John）、克里斯（Chris）、迪娜（Deana）、伊莫珍（Imogen）、安珀（Amber）、奥立（Oli）、彼特（Pete）、派特（Pat）和艾瑞克（Eric）。

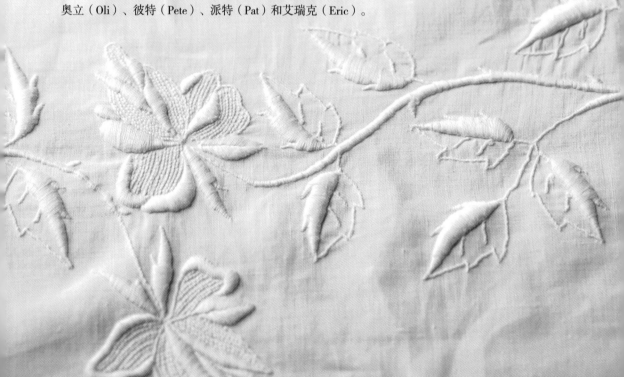